绿叶
与绿色植物栽培

杜宏彬　主编

中国农业科学技术出版社

图书在版编目（CIP）数据

绿叶与绿色植物栽培／杜宏彬主编．—北京：中国农业科学
技术出版社，2012.8
ISBN 978-7-5116-1017-1

Ⅰ.①绿…　Ⅱ.①杜…　Ⅲ.①植物-栽培技术　Ⅳ.①S31

中国版本图书馆 CIP 数据核字（2012）第 161973 号

责任编辑　张孝安　贺可香
责任校对　贾晓红　范　潇

出 版 者　中国农业科学技术出版社
　　　　　北京市中关村南大街 12 号　邮编:100081
电　　话　(010) 82106638（编辑室）　(010) 82109704（发行部）
　　　　　(010) 82109709（读者服务部）
传　　真　(010) 82109700
网　　址　http://www.castp.cn
经 销 者　各地新华书店
印 刷 者　北京富泰印刷有限责任公司
开　　本　789mm×1092mm　1/16
印　　张　10
字　　数　180 千字
版　　次　2012 年 8 月第 1 版　2013 年 3 月第 2 次印刷
定　　价　36.00 元

《绿叶与绿色植物栽培》
编 写 人 员

主　　编：杜宏彬

副 主 编：吕吉尔

编写人员（以姓氏笔画为序）：

王梅成	王绍越	王柏秋	石志炳	孙永飞
张　晖	张国兴	张道均	李华生	刘振华
朱　勇	吕吉尔	吕新浩	吕世新	吕忠炉
吴少华	吴升仕	陈　霞	杜宏彬	俞六明
俞安钟	徐国绍	徐　伶	徐孝根	徐　荣
梁国成	梁尹明	章翰春	黄晓才	黄于明
盛伯增	潘克昌			

主 编 简 介

杜宏彬近影

杜宏彬，1938年11月出生，浙江衢州市人，退休干部，林业工程师。

1957年毕业于浙江丽水林校，1977年参加农林部南方林木良种繁育训练班，1984年从浙江大学科技日语培训班结业，1986年结业于武汉科技日语函授进修学院高级班。

从事林业科技和农村科普工作50余年。主要工作单位：新昌县小将林场、嵊县林校、绍兴地区农办、新昌县林科所和新昌县科协。

在职期间，被授予"全国农林科技推广先进工作者""中国农函大先进工作者"和"浙江省林业科技先进个人""全省农村科普先进工作者"等称号。获省市县科技成果9项，市县和全国性科技期刊学术会议优秀论文13篇，系中国林学会会员，分别为绍兴市、新昌县林学会第一届理事会副理事长。

退休后，建立新昌县苦丁茶研究所（民办），被新昌县政府命名为"重点农业民营科技研究所"。2001年被江苏省林科院聘任为"常绿阔叶树引种技术顾问"；2006年被浙江省标准化研究院聘请为"浙江省应对技术贸易壁垒专家库"专家（浙标研［2006］11号）；2009年荣获"绍兴市优秀民间组织工作者"。

主编出版科技著作4本，参编1本；编著农函大教材1本；为主制订省级农业标准2个，参订1个；在国内发表学术论文65篇，科技译文30余篇；有发明专利68件，其中授权15件。

现任新昌县苦丁茶研究所所长，主要从事农林科普及苦丁茶工作。

序　一

　　龙年新春，喜接同学杜宏彬先生来电。一喜已半个世纪未见面，今天通了话；二喜杜先生科研成果累累，著作鼎盛；三喜恰少年同学，俩均已七十又五。更为欣喜的是见到了他的著作及热情洋溢的信，且约我为其即将付梓的《绿叶与绿色植物栽培》作序。

　　欣喜之余，深感遗憾。我们虽然同是林业学校毕业，但由于工作的变迁，我一直从事"白开水"——行政工作。那些林业知识早已还给老师及书本，要为这么专业化的著作作序，真是班门弄斧。信中杜先生极力鼓励我，希望能从宏观战略角度，用老百姓经济学和现代组织学的观点进行"嫁接"，给我增加了勇气。

　　几天来我翻阅细品了杜先生的著作和科研成果，十分感人。退休之后自己创办了农业民营科研所，在十余年绿色探索中，发扬了敢于"第一个吃螃蟹"的精神，广接各路"神仙"，借力攀登，攻克难关，创新发明专利60余项，在技术上和理论研究上有较大突破，为改变家乡、致富农民作出了贡献。

　　杜先生在科研实践中，敢于标新立异，突破常规。诸如：试论树木的群体造林理论、直立叶群体理论、森林修剪、树冠绿叶层理论、松杉混交造林理论、悬挂式立体栽培理论、植物嫁接相关理论等，广泛应用植物学、生物学、社会学、人类学等系统理论，从交叉学科中、从不同方法中寻找新角度、新视野、共同点和结合点，进行系统性、综合性和科学性的开发研究，精神可贵。

　　我想，人、社会、自然，"天人合一"，有许多共同的潜在规律可循。诸如1年12个月，共有365天。在《灵枢：邪气脏腑病形篇》一书中说："人有12经脉，365络"，人体每分钟呼吸约18次，每日24小时，呼吸25 920次。而太阳的二分点，也恰好需要25 920年时间完成一次周期的轮

转。这也是大自然、人和社会之间存在的奥妙与规律，它将随着科学技术的发展，逐步被人们所认识，为人们所利用，创造人类需要的物质财富。

杜宏彬同学在《绿叶与绿色植物栽培》一书中围绕"绿叶功能""空间效益"这一命题，运用自然科学的理论，展开了有效绿叶面积系数研究、树冠绿叶层研究、直立叶群体研究、混交林结构研究、悬挂式栽培研究、叶片光合诱导研究以及森林修剪研究等，使绿叶功能理论研究科学化、学说化、现实化。

我也十分喜欢交叉学科研究，博采众长、自成一家，所以如今自己形成不三不四的"杂家"。记得那是1984年，全国召开第二次人才研究会，当时我在中共温州市委组织部工作，递交了14.5万字的《组织理论与实践》长篇论文，大胆提出了同素异构论、能级层序论、群体合力论、互补优化论、动态优势论和要素有用论六大理论观点。后来，这篇论文成为全国组织工作培训教材，定名为《现代组织学》正式出版发行。所以，我相信杜宏彬同学有关绿色理论，将会更系统化、规律化、科学化被载入"植物学"的史册，成为这个学科的共同财富。

杜宏彬同学与我同是1938年出生，同一个学校毕业，经历了反右斗争、大跃进、三年困难时期、文化大革命。也都遇上了改革开放的好时机，都在1998年退休之后从事民营经济研究，创办了研究所；都在余生之年退而不休，潜心研究，著书立说，在不同的岗位上、不同的领域共同奋斗。我在温州创办了温州经济研究所，为"温州模式"和老百姓经济鼓与呼，使"温州模式"声誉大江南北。宏彬同学领导的新昌县苦丁茶研究所为繁荣林业经济锲而不舍，科技惠民、百姓致富，使新昌县成为"全国特色种苗基地"。我为有这样的同学感到骄傲和幸福。

我想用自己的感受告诉读者，也全当用它作为序言，不胜感激。

中国民营经济研究院副院长
温州经济研究所所长、经济学教授

2012年2月18日
于百姓书院

序　二

认识杜宏彬先生应是在 20 世纪 70 年代中叶，杜先生作为新昌县林业系统从事林木良种研究的工作者，参加浙江省林木良种会议。文质彬彬、儒雅稳重，是他给我的第一印象。新昌县并非浙江省林木良种发展的重点县，也并无省级或国家级林木良种基地建设任务，但杜先生携同一批热爱林业的工作者，从基层做起，从百姓需求做起，先后掀起板栗、苦丁茶、茶叶等颇有影响力的发展热潮，为新昌县林业打下良好的基础，为新昌县人民作出贡献。

每个人都有自己的理想，有自己对事物和工作的理解，有自己的幸福观。30 余年中，杜先生虽更换了多个工作岗位，工作条件尤其是科研条件不完备，但他仍孜孜以求、脚踏实地，潜心于植物与林业的研究，涉足植物生理、植物育种、林业生产和森林经营等领域，有理论性研究，也有普及型、应用性研究，面广题多、成果颇丰，有深有浅、易懂易用。

《绿叶与绿色植物栽培》一书就是他与同事们多年来研究成果文章的汇集，从一个侧面反映了杜先生那种高度热爱事业、为民奋斗不息的思想和刻苦钻研、不断进取的精神。他的工作、他的文章会给人们一些启示，一些激励，一些促进。

愿杜先生有生之年健康幸福！

浙江农林大学教授　范义荣

于 2012 年 5 月

前　言

　　绿叶之功能，绿叶和绿色植物之间的关系，属于生态科学和农业基础研究范畴，这是一个带有战略性质，事关"绿色植物栽培共性关键暨共性关键技术"的重要问题。关于这方面的信息，国内外鲜有报道。对此，浙江省新昌县农林科技人员，从20世纪80年代就开始有所研究。在老一辈森林生态学家、原浙江省林科所所长周重光教授和杭州植物园前主任章绍尧高级工程师的指导下，杜宏彬工程师于1984年发表了《试论树木的群体造林》一文。继而该县林业科技人员，在树木群体栽植等方面取得一些成果。其中杉木群体造林项目，分别获浙江省林业厅科技成果奖和绍兴市、新昌县自然科学优秀论文奖。2000年，农业技术推广研究员孙永飞等出版《水稻超高产模式株型栽培法》一书，阐述了水稻超高产模式株型栽培的原则及具体技术措施，提出"超高产群体必定是直立叶群体"的论点。2007~2009年，新昌县向阳苦丁茶研究所和高级工程师吕世新等林业科技人员，提出"森林修剪""树冠采光面积系数"和"树冠绿叶层"等概念。其中《树冠绿叶层研究》一文获绍兴市2007~2008年度自然科学优秀论文奖。2010年，杜宏彬、徐伶等在浙江《今日科技》上联合撰文，初次阐述了"绿色植物提高空间效益的共性关键技术"的命题。所有这些，都从各个侧面对"绿色植物栽培的共性关键暨共性关键技术"进行了探索。但就总体而言，当时我们思想上尚未充分认识，行动上还不够自觉，对该课题的研究处于初始阶段。国外信息也大致类同，似乎比国内还稍滞后一些，而形成较全面、较系统认识的，只是最近1~2年的事。当然，这仍然很不够，只能说开了一个头而已。

　　人类生产活动的目的，从根本上说，是以最少的空间和资源谋求最大的效益。绿色植物的生产也是一样，其最大空间效益的获取，离不开绿叶。我们是在认真总结新昌县有关农林科技成果和汲取国内外科技信息的基础上，才着手撰写《绿叶与绿色植物栽培》一书的。该书的内容可以概括为两句话：①充分发挥绿叶功能，增加植物群体冠层表面积，包括作物封行或林木密郁闭前增加有效绿叶面积，是绿色植物栽培的共性关键；②一切围绕着发挥绿叶功能、增加植物群体冠层表面积，包括增加有效绿叶面积的主要措施，就成为绿色植物栽培的共性关键技术。

《绿叶与绿色植物栽培》一书，共 24 篇文章，部分已在各种刊物上相继发表过。其中有学术论文 15 篇，涉及的均是上述两方面的内容；有科技译文 6 篇，介绍了国外的相关信息；还有国内发明专利（说明书）3 篇，谈的是共性关键技术的某一个方面。

本书在撰写和出版过程中，部分论文承蒙浙江省花卉协会徐培金会长、浙江省林科院林协研究员和浙江省林木种苗管理总站前站长、教授级高级工程师高林以及浙江省新昌县农业局农业技术推广研究员孙永飞等的指教和帮助。同时，还得到新昌县科学技术协会领导等的指导和支持，在此一并表示衷心感谢！

《绿叶与绿色植物栽培》一书的内容是综合性的，关系到多学科多领域，并不限于某个单一专业。书中提出不少新论点和新概念，力求在不同学科交界处、两个不同方法之间找到新角度和共同点。为此，我们先后组织和邀请了多个专业，包括盛伯增、孙永飞等在内 30 余人的写作班子（其中包括新昌籍外地工作人员），以便发挥各自优势，利于进行系统性综合性研究。在这些人员中，有研究员 1 人、浙江省特级教师暨中学高级教师 1 人、高级工程师 1 人、高级农艺师 1 人、工程师 10 人、经济师 1 人。全体编写人员，不畏劳苦，克服困难，认真探讨，集思广益，发扬大协作精神，终于完成了预期任务。

本书在写作上坚持理论与实际相结合，学术性和实用性并重。本书面向农村，可供广大农村干部农民群众阅读借鉴，也可作为农函大教材，提供给科研院校研究参考。

《绿叶与绿色植物栽培》一书，由于内容范围较广，涉及问题新，而我们的知识水平有限；因此，书中必有不妥之处，存在一些缺点甚至错误，敬请广大读者批评指正。

谨对为本著作编写做过有益工作的，已经逝世的徐荣、张道均、梁国成同志，表示深切的怀念！

杜宏彬于 2012 年 2 月 15 日

目　录

论　文

· 1 ·

译　文

专利（说明书）

论　文

试论植物有效绿叶面积

杜宏彬[1]　　吕吉尔[2]

（1. 新昌县科学技术协会，浙江　新昌　312500；

2. 宁波市北仑中学，浙江　北仑　315800）

摘　要：植物的绿叶面积，有有效绿叶面积和无效绿叶面积之分。有效绿叶面积具有正常光合能力，是光合作用载体的核心，绿叶中最重要的组成部分。无效绿叶面积主要来自丧失光合能力的老年叶和被遮蔽的幼年、中青年叶。只有减少无效绿叶面积，才能提高有效绿叶面积的比例。而清除部分植物的老年叶，减少对幼年叶、中青年叶的蔽荫，是提高有效绿叶面积比例的重要措施。处于植物冠层表面积上的绿叶，充满生命活力，光合能力强。因此，增加冠层表面积就等于增加有效绿叶面积，两者高度一致，这也是绿色植物栽培的共性关键所在。

关键词：有效绿叶面积；无效绿叶面积；上方蔽荫；侧方蔽荫；冠层表面积

一、概述

光合作用是地球上最重要的化学反应，绿色植物对人类赖以生存的地球环境，尤其是对城市环境有重要作用。而绿叶是光合作用的载体，在单位面积上绿叶面积的多少，是植物光能利用效率的重要标志。

有效绿叶面积，是指能进行正常光合作用的绿叶面积。不过，通常所指的绿叶面积，系笼统而言，并未区分有效和无效。但实际上，在绿叶面积中，尚包括无效绿叶面积和有效绿叶面积。所谓无效绿叶面积，是指由于各种原因不能进行正常光合作用的绿叶面积。

由此可见，有效绿叶面积是绿叶中最重要的组成部分；单位土地上有效绿叶面积的多少，是植物光合能力强弱的核心。

二、绿叶寿命与有效绿叶面积

1. 叶寿命

从叶片抽出到衰亡所经历的时间称为叶寿命（LL）。各种植物的平均叶寿命差异很大，从几个星期到几年不等。有的草本植物平均叶寿命只有几个星期，如水稻最先长出的第 1~3 叶，一般只有 10 多天。木本植物中的落叶树种，叶寿命为 1 年（实际上只有 6~9 个月），如檫树（*Sassafras tsumu* Hemsl.）、泡桐（*Paulownia fortunei* Hemsl.）、樱花（*Prunus serrulata* Lindl.）等。常绿树种的叶寿命大部分为 2 年（实际上只有 12~18 个月），如香樟（*Cinnamomum camphora* [L.] Pyesl）、木樨 [*Osmanthus fragrans* (Thunb.) Lour]、马尾松（*Pinus massoniana* Lamb）等。还有一部分常绿树种叶的寿命为 3 年或 3 年以上，如杉木（*Cunninghamia lanceolata* Hook）、柏木（*Cupressus funebris* Endl.）、柳杉（*Cryptomeria fortunei*）等。最长的叶寿命可达 100 余年（千岁兰 *Welwitschia mirabilis* Hook. F）。

有的植物叶寿命固定不变：如落叶树种，一般叶寿命为 1 年；常绿树种中的木樨，叶寿命为 2 年。但也有的植物叶寿命是变化的：如水稻叶寿命随叶位上升而逐渐变长；刚竹属树种（*Phyllostachys* Sieb.），出笋后新竹的叶寿命为 3 年，以后每隔 1 年换叶 1 次，即叶寿命为 2 年。

2. 叶寿命与有效绿叶面积

各种植物的叶寿命长短不同，但均有各自的幼年期、中青年期和老年期。幼年期，虽然光合能力较弱，却正在成长中，是叶子生长的基础，是不可逾越的阶段。中青年期，光合作用效率最高，植物有机物质的制造，主要来源于该时期。老年期，叶片衰老，已经失去或基本失去光合作用功能。在老年期，绿叶不能或基本不能制造有机物质，即使具备光照条件，也无济于事。因此，这种绿叶对植物生长无多大用处，属于无效绿叶，有时反而有害。处于幼年期和中青年期的绿叶，倘若不被蔽荫，才是真正的有效绿叶，其绿叶面积才是真正有效绿叶面积。

例如，苦丁茶（大叶冬青 *Ilex latifolia* Thunb）叶寿命 3~4 年。其中第 1 年下半年至第 2 年是其中青年期，叶片嫩绿，光泽明显，叶片与枝条夹角多呈锐角。从第 3 年开始，进入老年期，光泽减退，叶片平展，部分呈下垂状态。这种叶子，特别是 4~5 年生老叶，有的已经转黄，留着不但无用，反而有害处。发明专利（申请号 200610050136.9 公开号 CN196526A）《一种带状栽植苦丁茶园的修剪方法》叙述了苦丁茶通过修剪，使带状栽植树冠剖面呈梯形，下方侧枝长于上方侧枝；同时，每年剪除 3 年及其以上的老叶。从而使单位面积年产量比对照提高 151%。

再如，不同群落类型的叶面积系数对比，从大到小依次排列，以阔叶混交林为最高，棕榈科植物类型为最低。这是因为棕榈科 Palnae 植物叶子只长在顶部，茎干中下部没有叶子，绿叶面积少。其中棕榈树（*Trachycarpus fortunei*［Hook. f.］Hemdl），叶寿命可达 5 年以上。这种叶子已经失去光合作用能力。更有甚者，老年叶到一定时候会死亡，而且死亡的叶子不掉落，仍然（连棕）残留在树上。这对于棕榈树来说是非常有害的。所以，凡未经过剥棕（去老叶）的棕榈树，通常长势较差，也不易长成高杆子，而且有时会导致死亡。由此可见，植物的叶寿命越长，所积累的老年叶越多，有效绿叶面积比例也越少。

三、绿叶蔽荫与有效绿叶面积

绿叶是植物光合作用的重要器官和载体，同时也是构成植物蔽荫的主要因素。据笔者调查测定，一株 3 年生苦丁茶苗木，其叶面积占到全株各部位面积总和的 95.45%；一个早竹（*Phyllostachys propinque* McClure）植株，叶面积占全株的 94.87%。

植物蔽荫，主要表现为以下两个方面：上方（垂直）蔽荫和侧方（横向）蔽荫。

1. 上方（垂直）蔽荫和有效绿叶面积

根据孙永飞等的报道，水稻在群体条件下，群体内叶片相互重叠，上部叶片受光良好，下部叶片被上位叶片遮阳，受光量减少，个体所具有的最高光合能力往往不能发挥。如在自然光强为 10 万勒时，最上 1 叶、2 叶的光合成能力可以全部发挥，第 3 叶只能发挥 60% 左右，第 4 叶只能发挥 25% 左右。当自然光强为 5 万勒时，只有最上叶的光合成能力可发挥，第 2 叶只能发挥 70% 左右，第 3 叶、第 4 叶因光照严重不足，光合作用受到严重抑制。

以上事实说明，按植物植株高度，越是上部的绿叶，因受光良好，光合能力越强；越是下部的绿叶，因受到上位叶蔽荫，光照条件差，光合能力越弱。很明显，植物绿叶被蔽荫程度，是随着植株高度而变化的。乔木树种树干高大，所以上方枝叶对下方枝叶的蔽荫作用更大，无论是个体还是群体都是如此。以上事实也说明，植物植株越是上部，有效绿叶面积越多，无效绿叶面积越少；越是下部，有效绿叶面积越少，无效绿叶面积越多。

2. 侧方（横向）蔽荫和有效绿叶面积

侧方（横向）蔽荫有以下两种不同情况：

一种是植株较低矮、生命周期较短的植物，凡孤立的个体受光充足，受侧方（横向）蔽荫的影响甚少；而群体之中的植株，受侧方（横向）蔽荫的影响较大，该侧方蔽荫主要来自邻株。

另一种情况是植株较高、生命周期较长的植物，尤其是乔木树种，孤立个体的侧方蔽荫主要来自自身，树冠幅度越大，这种蔽荫作用也越大。因为一则叶寿命长的树种，树冠内部积累的老叶多，增加了内部蔽荫；二则树冠幅度越大，外部树冠对内部树冠的侧方蔽荫作用也越大，而中青年绿叶所占有的树冠空间体积的比例反而越少。例如设树干高度 12m，圆锥体形树冠，树冠长度 8m（长冠型树冠），树冠绿叶层厚度 0.5m。则该树冠绿叶层体积占据树木地上空间体积的比例，随树冠幅度而变化。当树冠幅度为 2m 时，树冠绿叶层体积 6.29m^3，其占据树木地空间体积的比例是 30.02%；当树冠幅度为 6m 时，树冠绿叶层体积 23.04m^3，其占据树木地上空间体积的比例是 12.22%；当树冠幅度为 12m 时，树冠绿叶层体积是 48.17m^3，其占据树木地上空间体积的比例是 6.39%。

与此同时，群体之中的个体，侧方蔽荫主要来自邻株。尤其是林木达到密郁闭标准后，这种蔽荫更为突出。

如上所述，群体作物封行或林木达到密郁闭后，绿叶蔽荫有来源于上方（垂直）蔽荫，也有来自侧方（横向）蔽荫，其中主要是侧方（横向）蔽荫。被蔽荫的绿叶，既有老年叶，也有中青年叶。从而导致有效绿叶面积大大减少。

四、增加有效绿叶面积的途径

本文的宗旨，在于探讨如何增加植物的有效绿叶面积，提高栽培植物的产量和效益。绿色植物，无论生命周期长短，通常老年叶（包括枯死叶）都占据着一定比例。尤其木本植物和叶寿命较长的植物，其比例更大。例如，一株 10 年生苦丁茶树，3 年及 3 年以上的老叶占其绿叶总量的 1/3 以上。一株未经过剥棕、去老叶的成年棕榈树，其老年叶及枯死叶常常要占到 50% 以上。

总而言之，植物绿叶面积 = 有效绿叶面积 + 无效绿叶面积，倘若减少了无效绿叶面积（比例），就等于增加了有效绿叶面积（比例）。而无效绿叶面积，主要是由绿叶被蔽荫和老年枯死叶所引起的。无效绿叶面积虽然不能完全避免，却可设法减少之。

1. 增加有效绿叶面积和增加植物冠层表面积的一致性

所谓冠层表面积，系指植物冠层外围接受光照射的表面积，乔木则称为树冠采光面积。如前所述，水稻群体封行后，其冠层表面积集中在植株顶部数叶。林木群体在密郁闭前，其树冠采光面积集中于树冠外围，密郁闭后则集中于冠层上部。处于植物冠层表面积上的绿叶，是植株受光最充足、光合能力最强的部分；而且这些绿叶处于年轻态，富有活力，几乎全部是有效绿叶。因此，增加植物冠层表面积，就等于增加有效绿叶面积，这也是绿色植物栽培的共性关键所在。

2. 减少植物上方（垂直）蔽荫的重要性

植物植株的上方（垂直）蔽荫，是指上方枝叶对下方枝叶的蔽荫。植株上部枝叶大于下部枝叶时或冠层形状很不规则的植株，是造成这种蔽荫的主要原因，危害性较大。同时，老年叶尤其叶寿命较长的老年叶，在植株中下部积累较多，也是构成上方（垂直）蔽荫的重要原因。这种叶，已经丧失或基本丧失光合能力，加上还要消耗大量营养，影响植株通风透气，所以不但无益，而且有害。

减少植物上方（垂直）蔽荫的措施，主要是清除老年叶和进行疏枝修剪等。例如，甘蔗进入生长后期，每 7～10 天即可长出一片新叶。及时去除脚叶、枯黄老叶和无效分蘖，可以改善蔗田通风透光，减少不必要的营养消耗，提高光、热利用率，促进光合作用，提高糖分，使茎秆粗壮，增强抗倒伏能力，同时也利于病虫害防治。疏枝修剪，特别对经济树种和某些瓜果类蔬菜有较好效果。如桃树，往往修剪成自然开心形树冠，以使树冠内部阳光充足，有利于结果。

3. 减少植株侧方（横向）蔽荫的必然性

植物植株侧方（横向）蔽荫，主要是邻近植株的蔽荫。倘若只有上方蔽荫，而无侧方蔽荫，植株仍然能从侧方受光，光合作用仍然能正常进行。但若同时存在上方和侧方蔽荫，情况就完全不一样了。在这种情况下，不但老年叶丧失光合能力，而且冠层中下部的中青年叶，也处于蔽荫状态，丧失或基本丧失光合能力。

减少侧方（横向）蔽荫的措施，主要有间苗（伐）、群体栽植、改变植株生长方式、套作、间作、混交造林、选择和塑造理想株型等。其中以乔木为主体的城市森林，适宜进行纵向修剪，塑造长冠与窄冠兼备的理想树冠，这种树冠具有较大的群体树冠采光面积即冠层表面积。例如，浙江省新昌县

苦丁茶研究所，对苦丁茶幼林实施纵向修剪，4 年生幼树高生长比对照增加 21%，胸径生长量增加 25%，年鲜叶（茶）产量比对照提高 52%。

五、几点思考

1. 叶面积系数的作用及其弊端

植物叶面积系数（指数），是指单位土地上的叶面积，即叶面积与土地面积的比值，可用公式 $R = Ls/Al$ 表示。其中 R 为叶面积系数，Ls 为叶面积，Al 是土地面积。叶面积系数是植物光合成能力的重要标志，与作物的生物产量成正相关关系。但是，叶面积系数只考虑到绿叶面积一个方面，并未顾及光照条件如何。绿叶是光合作用的载体，如果没有阳光，或者多数绿叶被遮蔽，那么叶面积系数再高，也无实际意义。何况叶面积系数并未区分有效绿叶面积和无效绿叶面积。在绿叶面积中不是所有绿叶都具有光合作用功能，其中无效绿叶面积占有一定比例。通常植物植株的无效绿叶面积，要占到绿叶总量的 10%～30%，多的达 50% 以上，尤其在作物封行或林木密郁闭之后更为突出。该无效绿叶面积，主要来源于老年叶和被遮蔽的幼年、中青年叶，这些绿叶已经丧失或基本丧失光合作用功能，不但无所作用，有时还有害。在这种情况下，叶面积系数就不能准确反映实际，因而颇具片面性和局限性。

2. 冠层表面积系数的意义及其长处

笔者于 2009 年提出了"树冠采光面积系数"的概念，继而提出"冠层表面积"和"冠层表面积系数"的观点。前者仅限于乔木树种，后者系对大多数植物而言。如前所述，所谓冠层表面积，是指植物冠层外围受光照射的表面积；冠层表面积系数，是单位土地上的冠层表面积，即冠层表面积和土地面积的比值。冠层表面积系数公式用 $R_1 = As/Al$ 表示，其中 R_1 为冠层表面积系数，As 为冠层表面积，Al 是土地面积。该公式由叶面积系数变化而来，二者的不同之处是，前者用冠层表面积来代替后者的叶面积，同时兼顾到绿叶和光照两个方面。何况植物冠层表面阳光充足，几乎全部是幼年叶和中青年叶，活力强劲，有效绿叶面积比例高，因此，冠层表面积系数比叶面积系数更加符合实际情况，更能说明绿叶光合能力，更为实用，也便于测定。

3. 结论

对于大多数作物来说，在整个生长期，力克绿叶遮蔽弊端，减少老叶（包括枯死残留叶和病虫损伤叶）负面影响，增加冠层表面积，发挥绿叶功能，使单位土地上的有效绿叶面积达到或接近最大值，是提高效益和产量的根本途径，这也是绿色植物栽培的共性关键。

参考文献

［1］沈永钢．地球上最重要的化学反应：光合作用［M］．广州：暨南大学出版社，2000

［2］杜宏彬，徐国绍等．植物叶面积系数探究［J］．新农民，2011（10）：197～198

［3］Read，C．，I. J. Wright & M. Westoby. Scaling－up from leaf to canopy－aggregate properties in sclerophyll shrub species［J］．*Austral Ecology.* 2006，31：310～316

［4］盛伯增，吕新浩，杜宏彬．绿叶功能浅析——兼论绿色植物栽培的共性关键技术［J］．新农民，2011（10）：97～98

［5］孙永飞，陈霞，梁尹明等．水稻超高产栽培模式株型栽培法［M］．成都：四川科学技术出版社，新疆科技卫生出版社，2000

［6］吕世新，吴少华，石志炳等．树冠绿叶层研究［J］．世界农业学术版，2008（11）：45～46

［7］杜宏彬．关于树冠采光面积系数的思考［J］．江西林业科技，2009（2）：22～24

［8］郭立岭．甘蔗后期剥叶除蘖促高产［J］．小康生活，2002（7）：10～11

［9］徐国绍，王绍越等．论植物的群体栽植［J］．安徽农学通报，2011（20）：22～23

［10］杜宏彬，朱勇，吴升仕．栽培植物株型的选择与塑造［J］．安徽农学通报，2011（22）：97～98

［11］鲍巨松，薛吉全等．不同株型玉米叶面积系数和群体受光态势与产量的关系［J］．玉米科学，1993（3）：50～54

本文系浙江省林业厅老科协种苗专业委员会 2011 年年会论文，刊载于中国期刊全文数据库全文收集期刊、中国核心期刊（遴选）数据库全文收录期刊、国家职称评定认定学术期刊《安徽农学通报》2012 年第 2 期（14～16）

绿叶功能浅析

——兼论绿色植物栽培的共性关键所在

盛伯增　吕新浩　杜宏彬

（新昌县科学技术协会，浙江　新昌　312500）

摘　要： 绿叶既是植物光合作用的重要器官，也是构成遮蔽、有碍光合作用的主要因素。植物绿叶面积并非在任何情况下都是越大越好，叶面积系数具有一定的局限性。本文提出了植物群体冠层表面积的新概念，认为：充分发挥绿叶功能，增加植物群体冠层表面积，包括增加有效绿叶面积，是提高绿色植物空间效益及产量的共性关键，也即是绿色植物栽培的共性关键所在。

关键词： 光合作用；绿叶功能；叶面积系数；群体冠层表面积

人类生产活动的目的，从根本上说，是以最少的空间和资源谋求最大的效益。绿色植物的生产也是一样，但其最大空间效益的获取离不开绿叶。现就如何发挥绿叶功能，提高绿色植物空间效益及产量的共性关键问题，作一深入探讨。

一、相关名词解释——作物封行和林木密郁闭

本文所述的作物封行，通俗地讲就是作物长到一定程度，叶面积增大，把地面全部覆盖，看不到行间的地面了。

本文所指的郁闭度，是乔木树冠彼此相接遮蔽地面的程度。简单地说，是指林冠覆盖面积与地表面积的比例，用十分数表示，以完全覆盖地面的程度为1，依次为0.9、0.8、0.7等。其中，郁闭度达到0.7及其以上时，称为密郁闭。

二、绿叶——光合作用的重要器官

1. 绿色植物的特点

绿色植物体内含有大量叶绿素，其最大特点是能进行光合作用，即利用

太阳的光能，将水和二氧化碳合成为有机物。所以，绿色植物通过光合作用，以自己制造的有机物来维持生活和生命，是能够自养的植物。而光合作用乃是地球上最重要的化学反应，是构成植物产量的基础，也是人类和动物赖以生存的必要条件。

2. 绿叶是光合作用的重要器官

叶绿素大量存在于植物的叶子中，即绿叶之中。当然，植物体的其他部分，如茎、干、枝、花、果等部位，有时也有叶绿素。如存在于茎中的，有仙人掌（*Opuntia dillenii*）、木贼草（*Equisetum hiemale*）等；存在于枝条中的，有木麻黄（*Casuarina equisetifolia*）、柳杉（*Cryptomeria fortunei*）等；存在于果实中的，有油菜（*Brassica campestris*）角果等。但就绝大多数植物来说，叶绿素则大量存在于叶子之中，如叶菜类、苦丁茶（*Ilex latifolia*）和香樟（*Cinnamomum camphora*）等。植物体除叶子之外的其他部位，虽然也有叶绿素，但比起叶子来，其含量可说是微乎其微。所以，绿叶是光合作用的主要器官和载体，是有机物制造的源泉。

三、绿叶——植物遮蔽的主要因素

与世界上一切事物无不具有两重性（即对立统一规律）一样，绿叶既是植物光合作用的重要器官，同时也是构成植物遮蔽、有碍光合作用的主要因素。这表现在植物植株上部枝叶对下部枝叶构成蔽荫；外部枝叶对内部枝叶构成蔽荫；在植株群体密郁闭或封行之后，还会对邻株植物造成侧方蔽荫。当然，植物体各部分都有蔽荫作用，但这种蔽荫主要源自绿叶（叶子）自身。因为绿叶通常要占据植物体空间的绝大部分，而其他部位则是次要的。例如根据笔者测定，一株3年生的苦丁茶苗木，其叶面积占到全株各部位面积总和的95.45%；一个早竹植株，叶面积占全株的94.87%。处于幼龄期的植物，叶面积占有比例更大，例如叶菜类和水稻等禾本科作物，甚至高达100%。

植物群体在封行或密郁闭之前，虽然植株上部枝叶对下部枝叶有一定的蔽荫作用，但由于植株间空隙较大，侧方阳光充足，光合作用仍能正常进行；何况光合作用是由光反映和暗反映所组成的。但一旦达到封行或密郁闭之后，绿叶的遮蔽弊病就凸显出来，株间就无空隙或很少有空隙，致使植株中下部绿叶，几乎全部处于被遮蔽状态。在这种状况下，植株中下部只剩下散射光线，光合作用不能正常进行，植物生长量受到影响。

发明专利公开号CN1535565A "一种苦丁茶苗木修剪方法"，对郁闭度达到 1.0 的大叶冬青苦丁茶（*Ilex latifolia* Thunb.）1～2 年生撒播实生苗木，实施叶片修剪。方法是将苗木的每个叶片剪去前半部分，保留下半部分。据测定，该苗木经叶片修剪后，叶面积系数由原来的 3.1 降到 2.0；郁闭度由原有的 1.0 降到 0.6；冠层表面积系数，从原有的 1.1 提高到 1.9 左右，苗木有效冠层（绿叶层）厚度，从 20cm 增加到 35cm。从而促进了苗木质量，使规格苗比例增加 15%～20%，造林成活率提高 21%。究其原因，是在密度较大的情况下，经叶片修剪后，叶面积系数虽大幅度减少，却使光照条件得到改善，冠层表面积系数显著增加，因而有效地促进苗木生长，提高了苗木质量。所以，叶面积和叶面积系数并不是在任何情况下都是越多越好，它要受到光照条件的制约（图 1、图 2）。

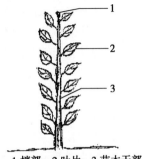 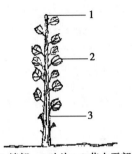

1.梢部；2.叶片；3.苗木干部　　　　1.梢部；2.叶片；3.苗木干部

图 1　苦丁茶未修剪的苗木示意图　　**图 2　苦丁茶经修剪后的苗木示意图**

再举一水稻倒伏的例子。水稻倘在近熟期，由于各种因素引起植株倒伏，往往会严重影响到产量。这首先是由于卧地状态下的水稻茎秆，植株重叠，茎叶相互遮蔽，光照条件恶化，大大降低了叶子对太阳光的截获量，必然会影响到水稻的产量和效益。其次，倒伏后，水稻茎秆由直立状态转变为卧地状态，植株占地面积提高，叶面积系数明显减少，最差时以至会接近于 1，使光能利用效率大大降低了。当然，还有其他一些次要的原因。据报道，小麦在花期倒伏（指倾角 >60°），其平均每亩产量，比对照减产 26.52%，也是基于同一道理。

四、绿叶和阳光

1. 绿叶与光合作用

光合作用是绿色植物利用太阳能将二氧化碳和水转化为碳水化合物并放出氧气的过程。其中阳光可以比喻为原动力，绿叶是载体，二氧化碳和水是原材料，三者缺一不可。本文仅就原动力和载体而言，二者互为条件。也就是说，光合作用既要有绿叶（含叶绿素），也要有阳光，二者不可或缺。没有绿叶，光合作用失去载体，根本不能进行；没有阳光，或在遮蔽下的绿叶，光合作用就失去原动力，也根本不能进行，或者不能正常进行。

总之，光合作用要求在单位面积上，有尽可能多的不被遮蔽绿叶（有阳光照射的绿叶）；因为被遮蔽的绿叶再多也没有用，有时反而有害。

2. 绿叶与光能利用率

绿色植物的光能利用率，指的是单位地面上植物光合作用累积的有机物所含能量占照射在同一地面上日光能量的百分率。叶面积系数和冠层表面积系数，则是衡量绿色植物光能利用率的重要标志。

（1）叶面积系数及其局限性　叶面积系（指）数是单位土地上的植物叶面积的总和，即叶面积与土地面积的比值。在植物群体密郁闭（或作物封行）之前，一般叶面积系数愈高，光能利用率也愈高；反之亦然。但在作物封行或林木密郁闭之后，随着光照环境变差，植株内或植株间绿叶相互遮蔽，此时叶面积系数虽然较高，但其光能利用率却未必也较高。这说明，叶面积系数只能在一定时期内，反映光合作用的一个方面——绿叶面积的多少，却不能反映出光合作用的另一方面——光照环境究竟如何。所以，叶面积系数是作物封行或林木密郁闭前光能利用率的重要标志，却不能成为此后光能利用率的标志，颇具局限性。为此，特提出冠层表面积系数的新概念。

（2）冠层表面积系数及其意义　冠层表面积系数是单位土地面积上植物冠层表面积数（乔木也称树冠采光面积系数）。其中，冠层表面积是指绿色植物冠层（树冠或草冠）外表，接受光照射的表面积。冠层表面积系数愈高，植株光能利用率愈高；反之亦然。无论在作物封行或林木密郁闭之前，还是此后，都是如此。不过，在作物封行或林木密郁闭前，一般阳光照射不成问题，其主要矛盾方面是绿叶。在此后，绿叶方面降到了次要位置，阳光照射则上升为主要矛盾方面。所以前者重在增加绿叶，后者重在改善光照环境，二者措施有显著差别。

冠层表面积系数计算公式如下：

$R_1 = As/Al$　　　　公式中：R_1 为冠层表面积系数；

As 为冠层表面积；

Al 为土地面积。

冠层表面积系数由叶面积系数演变而来。叶面积系数虽然说明了植物叶面积和土地面积的关系，即单位土地面积上叶面积之多少，但并不能反映出植物的受光状态。因为绿叶既是光合作用的载体，同时也是构成植物遮蔽的主要因素。如果没有阳光，或者多数绿叶被遮蔽，那么叶面积和叶面积系数再高，也无实际意义。而冠层表面积系数则用冠层表面积来代替叶面积，能同时兼顾到绿叶和阳光两个方面，因此较之叶面积系数，更能准确地反映出植物受光面积的大小和光能利用效率高低的实际情况，也更为实用，便于测定。例如，部分植物叶片呈针形或鳞片状，诸如芦笋（*Asparagus officinalis*）和柏木（*Cupressus funebris*）；也有的植物如木麻黄（*Casuarina equisetifolia*）、柳杉（*Cryptomeria fortunei*），茎叶不分。它们的叶面积和叶面积系数是很难测定的，而冠层表面积和冠层表面积系数测定却比较容易。

关于冠层表面积的测定方法，在人工栽培中，普通的栽植方式，由于作物株行距离相等或基本相等，可以植株为单位，测定统计其冠层表面积；群体栽植方式，因作物株行距相差悬殊，可以小群体即按条（带）或蓬（丛）为单位，测定统计其冠层表面积。

3. 绿叶与阳光的最佳平衡点

绿色植物群体密郁闭（或封行）前后是一个明显的界线。在此之前，光照条件好，而且随着植株的生长，（阳光照射下的）绿叶不断增多，直至某个节点上，达到了最大值。这就是绿叶和阳光的最佳平衡点，也是其拐点。叶面积系数有拐点，冠层表面积系数也有拐点。在这个节点上，植物受阳光照射的绿叶最多，冠层表面积最大，绿叶所制造的有机物最高，植株生长速度也最快。因此，提高绿色植物空间效益和产量的关键，就在于设法最大限度地增加单位土地上的冠层表面积数（包括作物封行或林木密郁闭前增加有效绿叶面积）。

由于植株高耸的植物群体如乔木，上层枝叶对下层枝叶的遮蔽作用大，故对郁闭度的要求较低（即较低的郁闭度）。而植株低矮的植物群体如草皮，和贴近地面匍匐生长的植物等，由于上层绿叶对下层绿叶的遮蔽作用小，故对群体漏光率的要求也小（即漏光率可小）。

处于绿叶与阳光最佳平衡点即拐点上的植物群体郁闭度，乔木为0.65～0.70，茶树和灌木为0.75～0.85。茎秆低矮的草本植物及农作物，其绿叶与阳光的最佳平衡点，通常用漏光率来表示，且大多在10%以下。例如，水稻最佳平衡点时的漏光率约为5%；匍匐生长的藤本植物和草皮，漏光率甚至可以为0或接近于0。

绿色植物一旦进入达到或超过一定郁闭度，尤其是林木达到密郁闭或作物封行时，光照环境就开始恶化，受阳光照射的绿叶迅速减少，冠层表面积缩小，植株生长也明显慢起来。例如杉木人工林，当郁闭度达到 0.8 以上时，被压木自然整枝（枯死）部位占树高的 1/3～1/2。黑松林，郁闭度为 0.8 时，下层幼树受压，胸径连年生长量开始下降。檫树成片造林，郁闭度甚至为 0.7 时，自然整枝就非常明显了。

发明专利申请号 20071 0068454.2《甘薯高篱式立体栽培方法》，系将薯藤扎绑在直立的竹竿或木杆支架上，任其向空中生长和伸展。该立体栽培方法的叶面积系数，由原有的 1.2 左右升高到 2.5。其拐点时的漏光率，估计也会随之增加（未测定）。冠层表面积系数由 1.1 升至 4.0 左右。单位面积栽植株数增加 35%。鲜薯单产比对照提高 53.75%。

五、结论

关于植物群体冠层表面积的课题，在国内鲜有报道，国外已经开始有所研究。

光合作用是地球上最重要的化学反应，是构成作物产量的基础；而充分发挥绿叶功能，则是基础的基础。在自然界，植物种类繁多，环境条件千变万化；各种作物的栽培技术，也因其种类和环境条件等的不同而千差万别，但是有一点却是共同的：即为了提高作物空间效益及产量，无论何种绿色植物，在什么样的环境条件下，都务必发挥绿叶功能，尽可能增加单位面积上的群体冠层表面积（包括作物封行或林木密郁闭前的有效绿叶面积），这是绿色植物栽培的共性关键所在。

参考文献

［1］联合国粮农组织有关郁闭度的规定. 百度百科，2009 - 7 - 13

［2］沈永钢. 地球上最重要的化学反应：光合作用［M］. 广州：暨南大学出版社，2000

［3］杜宏彬. 关于树冠采光面积系数的思考［J］. 江西林业科技，2009（20）：22～24

［4］李少昆，王崇姚. 作物株型和冠层结构信息获取与表述方法［J］. 石河子大学学报（自然科学版）1997（3）：250～255

［5］李文，王永文. 小麦倒伏对产量因素的影响及其补救方法［J］. 安徽农学通报，2011（18）：33、47

［6］杜宏彬，徐国绍等. 植物叶面积系数探究［J］. 新农民，2011（10）：197～198

［7］树木志编委会主编. 中国主要树种造林技术［M］. 北京：中国林业出版社，1981

［8］Parker G. G. & Russ M. E. The canopy surface and stand development：assessing forest canopy structure and complexity with near - surface altimetry［J］. *Forest Ecology and*

Management，2004，189（1～3）：307～315

［9］ Bunce，J. A. The effect of leaf size on mutual shading and cultivar differences in soybean leaf photosynthetic capacity［J］. *Photosynthesis Research*，1990，23（1）：67～72

作者简介：盛伯增（1960～ ），男，浙江新昌人，学历大学本科、农学学士。现任新昌县科协主席，主要从事科学技术普及工作。

本文原载全国优秀农业科技期刊、全国百佳期刊推荐刊物、中国北方优秀期刊、新农村建设推荐期刊、农家书屋推荐期刊、中国核心期刊遴选数据库收录期刊《新农民》2011 年第 10 期（97～99）

植物叶面积系数探究

杜宏彬[1]　　徐国绍[2]　　吕忠炉[3]　　王绍越[4]

（1. 新昌县科学技术协会，浙江　新昌　312500；

2. 新昌县林业技术推广中心，浙江　新昌　312500；

3. 新昌县城南乡林业工作站，浙江　新昌　312500；

4. 新昌县新林乡林业工作站，浙江　新昌　312500）

摘　要：叶面积系数是单位土地上植物叶面积总和。在一定范围内，叶面积系数与作物产量成正相关。但是，叶面积系数有很大局限性，在作物封行或林木达到密郁闭时，由于光照环境恶化，叶面积系数继续增加，就往往有害无益。如何采取相应措施，维持和延缓叶面积系数拐点的来临，有一定实际意义。

关键词：叶面积系数；叶面积系数拐点；冠层表面积；绿叶受光态势；紧凑株型

一、叶面积系数的概念及其公式

1. 叶面积系数 leaf area index（LAI）

叶面积系数也称叶面积指数，是单位土地上植物叶面积总和，即叶面积与土地面积的比值。拟用以下公式表示：

$R = Ls/Al$，　　　其中：R 为叶面积系数；

　　　　　　　　　　Ls 为叶面积；

　　　　　　　　　　Al 为土地面积。

该公式表明，在一定的条件下，叶面积不变，土地面积越大，叶面积系数越小；土地面积越小，叶面积系数越大。倘若土地面积不变，叶面积越大，叶面积系数也越大；叶面积越小，叶面积系数也越小。

2. 叶面积系数与冠层表面积系数

叶面积系数和冠层表面积系数，既有相同之处，也有不同之处。冠层表面积系数是由叶面积系数变化而来，但在冠层表面积系数公式中，则用冠层表面积来代替叶面积；而冠层表面积是指植物群体冠层外表接受光照射的面积（非垂直投影面积）。群体冠层表面积是决定植物空间效益及产量的共性关键。叶面积系数和冠层表面积系数，其根本区别在于：前者只单纯表示叶面积多少，并未考虑到绿叶受光状况；后者不仅用冠层表面积代替叶面积，而且反映了绿叶受光态势，把绿叶和光照直接联系在一起。冠层表面积系数的计算公式如下：

$$R_1 = As/Al,$$ 　　　其中：R_1 为冠层表面积系数；

　　　　　　　　　　　As 为冠层表面积；

　　　　　　　　　　　Al 土地面积。

对于树木来说，冠层表面积也可称为树冠采光面积；冠层表面积系数也可称为树冠采光面积系数。为了区分叶面积系数和冠层表面积系数，前者习惯上以 R 表示，后者拟用 R_1 表示。

二、叶面积系数的重要性

1. 叶面积系数是光能利用率的重要标志

提高植物光能利用率的途径有三条：延长光合时间、增加光合面积和改善光合作用条件。而增加光合面积是其中最基本最有效的一条，也比较容易做到，叶面积大，接受光能量多，对光能的利用率也就高。在一定的范围内，叶面积的增加与产量形成的关系是正相关的，即作物的产量随叶面积系数增大而提高。发明专利公开号 CN101073305A《甘薯高篱式立体栽培方法》，改变了甘薯藤蔓生长方式，即变匍匐生长为直立生长，叶面积系数提高 1 倍以上，鲜薯产量增加 51% ~98%。吉林农业大学作物研究中心，以 4 个玉米品种为试验材料，比较研究了紧凑型玉米和平展型玉米的单株叶面积、群体叶面积指数、光合速率以及产量和产量构成因素间的关系。结果表明：4 个玉米品种在其最适种植密度下 LAI 和光合速率在整个生育期内均呈单峰曲线变化；LAI 于灌浆期达到最大值，且两个紧凑型玉米品种大于两个平展型玉米品种。

但是，绿叶既是光合作用的主要器官，也是构成植物蔽荫的主要因素。当叶面积增加到一定程度后，田间郁闭，光照不足，光合效率减弱，产量反而下降。

2. 若干主要植物的叶面积系数

茂密的植物群落叶面积系数多为 3 ~7。叶片交错生长并且形成不同层次分布的森林植物，叶面积系数常常高达 4 以上。春玉米高产群体最大叶面积系数达5~7。一般良种丰产茶园叶面积系数要求达到3~5，绿叶层厚度在15cm以上。甘薯叶面积系数，一般认为以3~4为宜。苹果园最大叶面积系数一般不超过5，以维持在3~4较为理想。水稻一般高产田块群体叶面积系数的动态指标是分蘖期2.5~4；幼穗分化至孕穗前为4~6；孕穗至抽穗期最大，为5.5~7；抽穗后缓慢下降，稳定在4~5；以后逐渐减退。不同品种、不同栽培水平的群体叶面积系数变化较大。不同群落类型的叶面积系数对比，从大到小依次为：阔叶混交林＞针阔混交林＞阔叶纯林＞针叶纯林＞棕榈科植物类型。

3. 植株生长方式与叶面积系数

植物植株生长方式不同，叶面积系数也截然不同。正如前所述，在叶面积不变的情况下，植株占地面积（垂直投影面积）越少，叶面积系数越大。

假设有一植株，茎干长度2m，叶面积4 000cm²，在匍匐（水平）生长时，占地面积即垂直投影面积最大（约为4 000cm²），则叶面积系数处于最小值——1.0。随着该植株逐步由水平→倾斜→直立生长方式转变，其占地面积（垂直投影面积）逐渐减少（图1），叶面积系数也就逐渐增大。

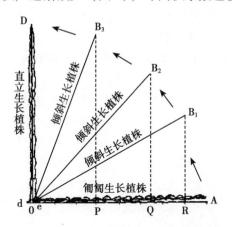

图1 从匍匐生长向直立生长转变中的植株投影变化示意图

注：A. 匍匐（水平）生长植株；D. 直立生长植株；B_1、B_2、B_3倾斜生长植株；OA. 匍匐生长植株投影；de. 直立生长植株投影；OR. 倾斜植株B_1投影；OQ. 倾斜植株B_2投影；OP. 倾斜植株B_3投影

同一植株，茎干长度和叶面积都不变，若令其倾斜生长，随着其倾斜角度增加，植株投影面积逐渐减少，叶面积系数逐渐增大。该倾斜植株的叶面积系数，始终处于最大值和最小值的区间范围内。

同一植株，茎干长度和叶面积都不变，若令其直立（垂直）生长，植株投影面积最小，使占地面积减少到 $1\,000\,cm^2$ 左右，叶面积系数则上升为 4.0，达到该植株叶面积系数的最大值。

在作物达到封行或密郁闭前，为什么直立生长的植株比匍匐生长植株的叶面积系数要高，而且是四种植物茎形态中最高的，为什么藤本作物搭架栽培能够增产，为什么直立支架比倾斜支架和水平棚架的效益要好等，就不难理解了。

4. 植株株型与叶面积系数

以玉米株型为例。紧凑型玉米的产量明显比平展型株型高。这是由于：①紧凑型玉米植株占地面积少（直立型叶片投影面积小），最高叶面积系数可达 5~7；②紧凑型玉米叶片受光态势好，上部叶片对下部叶片遮蔽作用小；③紧凑型玉米株型的叶片直立，株型紧凑，作物群体通风透气条件好。

三、叶面积系数拐点

足够的叶面积系数和良好的受光态势是作物高产的根本。也就是说，作物要高产，不但要求叶面积系数高，还要求受光态势要好，二者缺一不可。

1. 绿叶和光照的最佳平衡点

绿叶和光照的最佳平衡点，就是叶面积系数拐点。植物群体自幼年开始，随着植株生长，绿叶面积不断增加，直至作物接近封行或林木接近密郁闭时，受光照射绿叶面积达到或接近最大值，即达到叶面积系数拐点。在拐点过后，即作物封行或林木密郁闭后，光照环境恶化，受光照射的绿叶急剧减少。此时，绿叶面积即使增加量再多，也往往有害无益。

2. 叶面积系数拐点估测

在叶面积系数拐点来临前，采取必要措施，防止和推迟拐点来到时间，有一定的实际意义。因此，需要提前测定该拐点。通常用郁闭度和漏光率来估测。

（1）拐点的郁闭度估测 以乔木为主的树木群体（林分），通常接近密郁闭标准，即郁闭度尚未超过 0.7，为 0.65~0.70 时，就是其叶面积系数拐点。茶树和灌木叶面积系数拐点时的郁闭度为 0.75~0.90。

该郁闭度估测用测线法 在林分内选一有代表性的地段，量取 100m（或不定长度）测线，沿测线仔细观察其在测线上的长度，则测线上各树冠投影长度之和与总长度之比，就求得林分郁闭度。例：测线总长度为 100m，树冠投影在测线上的长度为 75m，郁闭度为：$P=75/100=0.75$。实际应用测线法时应注意的是：在山地森林内，测线应与等高线垂直，林况复杂的林分，最好多设几条测线，取其平均数；在人工林内，测线应避免与造林株行距平行。

（2）拐点的漏光率估测　作物封行，通俗地讲就是作物长到一定程度，叶面积增大，把地面全部覆盖，看不到行间的地面了。作物的叶面积系数拐点就在作物接近封行之时。通常其漏光率为3%～8%。例如，水稻的漏光率5%左右。此时，若站在稻田里，向四周俯视，尚可看到少量地面。草皮和部分贴近地面匍匐生长的植物，其漏光率为0或接近于0。此时，已经看不到地面了。

不同的品种、不同生长时期、不同生长高度和不同栽植方式的植物，其叶面积系数拐点时的郁闭度或漏光率及其来临的时间也是有差别的。

四、叶面积系数的局限性

综上所述，植物叶面积系数具有很大的局限性。在作物封行或林木密郁闭前，一切技术措施的中心，是增加光合作用面积——有效绿叶面积；叶面积系数的增加与作物生长及产量的提高是同步的，也是符合实际的。但是，在作物封行或林木密郁闭之后，叶面积系数与实际情况并不相符，叶面积系数的增加反而有害无益。此时，应重在增加光照，以确保光合作用能够正常进行。

叶面积系数的局限性在于以下几个方面。

1. 绿叶是构成植物遮蔽的主要因素。叶面积系数只涉及其中的一个方面——绿叶，并未同时说明光照状况如何。

2. 叶面积系数与作物产量之间的正相关关系，只限于作物封行或林木密郁闭之前，不适用于此后。

3. 叶面积系数不是在任何情况下越大越好，有时大了反而有害。

4. 叶面积系数测算较复杂，化工量较多，实施起来难度大。

5. 部分植物，枝叶不分乃至以茎代叶，叶面积难以测定或不能测定。

五、结论探讨

1. 叶面积系数是绿色植物光能利用率的重要标志，在一定范围内，叶面积系数越高，作物产量也越高。

2. 在作物接近封行或林木接近密郁闭之前的某一节点上，是叶面积系数和阳光的最佳平衡点，也就是叶面积系数的拐点。在这个拐点上，受阳光照射的绿叶最多；过了该节点后，光照条件急速变差，叶面积系数虽继续增高，作物生长和产量却受到严重影响。

3. 某些作物，如玉米、水稻等，倘若最高叶面积系数及其拐点，恰好处于作物近熟的孕穗期至齐穗期，其产量也是较高的。

4. 对于大多数植物来说，尤其是生长周期长的植物，在叶面积系数接近到达拐点之前，就应采取相应措施，如间苗（伐）、修剪和化控等，保持植物群体透光态势和最大的冠层表面积，以确保其生长量和产量的提高。

5. 叶面积系数在达到拐点之前，与作物产量呈正相关关系；但到了拐点之后，就不是如此了；由于叶面积系数公式中，并未体现绿叶的受光态势，这是致使叶面积系数颇具局限性的根本原因。

参考文献

[1] 杜宏彬. 关于树冠采光面积系数的思考 [J]. 江西林业科技, 2009 (2): 22 ~ 24

[2] 光合作用与作物产量. 云南烟叶信息网, 2007 – 03 – 30

[3] 岳杨, 吴春胜等. 紧凑型玉米与平展型玉米叶面积指数及产量构成比较研究 [J]. 吉林农业, 2011 (01)

[4] 简明林业词典 [M]. 北京: 科学技术出版社, 1980, 12

[5] 毛祖法, 陆德彪. 茶叶 [M]. 浙江省农函大教材, 1998, 12

[6] 水稻的叶面积系数. 鹰潭农事通, 2009 – 11 – 10

[7] 孙悦, 彭畅等. 不同密度春玉米叶面积系数动态特征及其对产量的影响 [J]. 玉米科学, 2008 (4)

[8] 鲍巨松, 薛吉全等. 不同株型玉米叶面积系数和群体受光态势与产量的关系 [J]. 玉米科学, 1993 (3): 50 ~ 54

[9] 联合国粮农组织有关郁闭度的规定. 百度百科, 2009 – 7 – 13

[10] Bunce, J. A. The effect of leaf size on mutual shading and cultivar differences in soybean leaf photosynthetic capacity [J]. Photosynthesis Research, 1990, 23 (1): 67 ~ 72

本文原载全国优秀农业科技期刊、全国百佳期刊推荐刊物、中国北方优秀期刊、新农村建设推荐期刊、农家书屋推荐期刊和中国核心期刊遴选数据库期刊《新农民》2011 年第 10 期（197 ~ 198）

树冠绿叶层研究

吕世新[1]　石志炳[1]　吴少华[2]　俞安钟[2]

杜宏彬[3]*　章翰春[4]　俞六明[5]

（1. 新昌县林业技术推广中心，浙江　新昌　312500；2. 新昌县小将林场，
浙江　新昌　312500；3. 新昌县苦丁茶研究所，浙江　新昌　312500；
4. 新昌县儒岙镇林业工作站，浙江　新昌　312500；5. 新昌县羽林街道，
浙江　新昌　312500）

摘　要： 树冠绿叶层是树冠的关键部位。当乔木树冠长度愈长时，树冠绿叶层体积及其占据树木地上空间的比例愈大。当乔木树冠幅度较大时，树冠绿叶层体积也随之较大，但其占据树木地上空间的比例反而变小。鉴于此，城市森林和用材林，在保持高度优势的同时，务必实施轻度以修枝和纵向剪枝为主要内容的森林修剪新技术，确保塑造长冠型和窄冠型兼有的理想型树冠，以最大限度提高树冠绿叶层的占有比例，显著增加乔木树种的生物产量及其空间效益。该森林修剪技术，按规范操作，较简便易行。

关键词： 树冠绿叶层；功能性枝段；非功能性枝段；树冠长度；树冠幅度；轻度修枝；纵向修剪；侧枝更新

　　树木地上部分占有空间，包括树冠的占有空间和树冠下部垂直于地面的空间（图1）。树冠绿叶层，也叫做树冠有效绿叶层，是指位于树冠外层、长有绿叶的那一部分树冠空间。此乃是树冠的关键性部位，对树木生长起着非常重要的作用。

一、功能性枝段和树冠绿叶层

　　成年树木的叶子，通常生长在枝条前端（段），它虽只占整个枝条的少部分，但却承担着光合作用的重要功能。这是制造干物质的"加工厂"，也是树木赖以正常生长的基础。所以把这一部分枝条叫做功能性枝段或有效枝

段。一株树木由许多这样的功能性枝段组成为绿叶层，称之为树冠绿叶层或树冠有效绿叶层。它分布在树冠的外层空间。其平均厚度比较稳定，一般为30~70cm，最多不会超过1m（当然，少数树木也有小于30cm的）。故随着枝条的生长和伸长，其占据整个枝条的比例会愈来愈少。

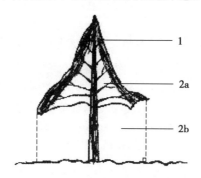

图1　树木地上部分占有空间示意图

注：1. 树冠绿叶层；2. 无效空间区，其中：2a 为树冠内无效空间；2b 为树冠下部无效空间；树冠 = 1 + 2a

树冠绿叶层生长的好坏，其厚度状况及其占据树木地上空间比例大小，对树木产量影响极大。与叶面积系数和树冠采光面积系数一样，树冠绿叶层状况如何，也是树木光能利用效率高低的反映；一个较好的树冠绿叶层是树木增产的必备条件。

二、非功能性枝段和无效空间区

成年树木枝条的下段，通常不着生叶子，没有或基本没有光合作用功能。但它占据枝条的大部分，并伴随着枝条的生长和伸长，其占有的比例愈来愈大。故把这一部分枝条叫做非功能性枝段或无效枝段。一株树木，由许多这样的非功能性枝段组成为无效空间。它分布在树冠的内部。非功能性枝段和无效空间之所以称之为"无效"，是相对于树冠有效绿叶层而言。因为它不具备也不承担光合作用的功能。当然并不是说绝对"无效"，一点作用都没有。非功能性枝段，在树冠中起着连接作用，向上可提供无机营养和水分，向下能输送有机养分。这对树木生长来说，仍然是不可或缺的。但是倘若该枝段过于发达，所占比例太大，却要消耗大量养分和水分，实为弊多利少。树冠之中的无效空间和树冠下部（垂直于地面）的无效空间，共同组成为无效空间区，是树木地上占有空间中的非功能性部分。

三、树冠绿叶层与树冠长度

在同样的树干高度和树冠幅度条件下，树冠长度愈长，则树冠绿叶层及其占据该树木地上空间比例也愈大（表1）。

设该树木的主干高度12m，圆柱体形树冠，平均冠幅3m，树冠绿叶层厚度0.5m，则该树木地上占有空间的体积为84.84m³。

当树冠长度2m时（短冠型树冠），树冠绿叶层体积为7.86m³，其占据树木地上空间比例为9.26%；当树冠长度6m时（中长型树冠），树冠绿叶层体积为23.57m³，其占据地上空间比例为27.78%；当树冠长度9m时（长冠型树冠），树冠绿叶层体积为35.36m³，其占据地上空间比例为41.68%。由此可见，随着树冠长度的增加，树冠绿叶层体积及其占据树木地上空间的比例也是同步增长的（图2、图3）

表1　树冠绿叶层和树冠长度关系表

树冠长度（m）	树冠下部无效空间（m³）	树冠空间（m³）	树冠无效空间（m³）	树冠绿叶层	
				（m³）	（%）
2	70.70	14.14	6.28	7.86	9.26
3	63.63	21.21	9.42	11.79	13.90
4	56.56	28.28	12.57	15.71	18.52
5	49.49	35.35	15.71	19.64	23.15
6	42.42	42.42	18.85	23.57	27.78
7	35.35	49.49	21.99	27.50	32.41
8	28.28	56.56	25.13	31.43	37.05
9	21.21	63.63	28.27	35.36	41.68
10	14.14	70.70	31.42	39.28	46.30

四、树冠绿叶层与树冠幅度

在树干高度、树冠长度和树冠绿叶层厚度相同的情况下，树冠幅度较大（宽）时，树冠绿叶层体积也较大，但其占整株树木地上空间体积的比例反而较小（表2）。通常树冠幅度较小（窄）时，单株树木树冠绿叶层体积也随之减少（图4），但其占据整株树木地上空间体积的比例反而较大（图5）。

设树干高度为12m，圆锥体形树冠，树冠长度8m（长冠型树冠），树冠绿叶层厚度0.5m。则该树冠绿叶层体积占据树木地上空间体积的比例，随树冠幅度变化情况见表2。

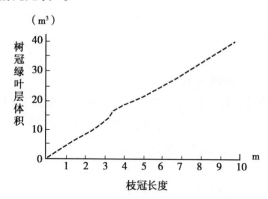

图2　树冠绿叶层体积和树冠长度关系图

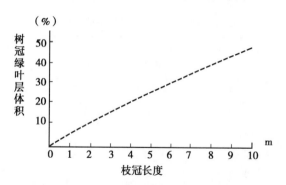

图3　树冠绿叶层体积和树冠长度关系图

当树冠幅度为2m时，树冠绿叶层体积6.29m³，其占据树木地空间体积的比例是30.02%；当树冠幅度为6m时，树冠绿叶层体积23.04m³，其占据树木地上空间体积的比例是12.22%；当树冠幅度为12m时，树冠绿叶层体积是48.17m³，其占据树木地上空间体积的比例是6.39%。

表2　树冠绿叶层和树冠幅度关系表

树冠幅度 （m）	树木占有 空间（m³）	树冠空间 （m³）	树冠无效 空间（m³）	树冠绿叶层	
				（m³）	（%）
2	20.95	8.38	2.09	6.29	30.02
3	47.12	18.85	8.38	10.47	22.22
4	83.78	33.51	18.85	14.66	17.50

树冠幅度 （m）	树木占有 空间（m³）	树冠空间 （m³）	树冠无效 空间（m³）	树冠绿叶层	
				（m³）	（%）
5	130.90	52.36	33.51	18.85	14.40
6	188.50	75.40	52.36	23.04	12.22
7	256.57	102.63	75.40	27.23	10.61
8	335.10	134.04	102.63	31.41	9.37
9	424.13	169.65	134.04	35.61	8.40
10	523.60	209.44	169.65	39.79	7.60
11	633.55	253.42	209.44	43.98	6.94
12	753.98	301.59	253.42	48.17	6.39

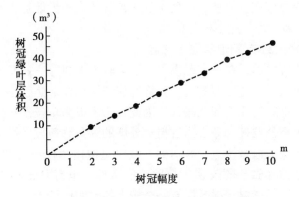

图 4 树冠绿叶层体积和树冠幅度关系图

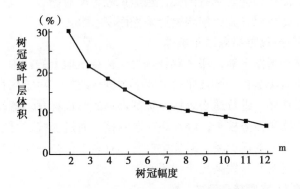

图 5 树冠绿叶层体积和树冠幅度关系图

五、几点结论

光合作用是迄今为止地球上最重要的化学反应，对作物产量的构成起着决定性作用。作为树木光合作用中心场所和平台的树冠绿叶层，直接关系到树木生长好坏和生产效益高低。为此，在提高树冠采光面积和树冠采光面积系数的同时，还要着力探求如何提高树冠绿叶层占有比例的有效途径。初步结论有以下四条。

1. 轻度修枝 塑造长冠型树冠

基于树冠绿叶层与树冠长度密切相关，树冠长度愈长，树冠绿叶层体积及其占据树木地上空间体积比例也愈大，反之亦然。因此，塑造长冠型树冠是必然的选择，而唯有轻度修枝（甚至不修枝）才是塑造长冠型树冠的可靠保证。故要力戒重度修枝，以确保幼中龄林树冠长度能够占到树干高度的2/3 以上，达到一级长冠型树冠标准。

2. 纵向修剪侧枝 塑造窄冠型树冠

正如表 2 所显示，在一定范围内，冠幅较窄的树冠——窄冠型树冠，比冠幅较宽的树冠——宽冠型树冠，其绿叶层空间体积显然较小些，但其占据整株树木地上空间的比例却比较大。因此，为了提高单位面积生产，对于用材林和乔木生态公益林，务必通过树冠外围的纵向修剪技术措施，以缩短其侧枝长度，塑造窄冠型树冠，并达到一级窄冠型树木标准（树冠幅度/树冠长度 <1/4）。这样做，既改善了林地光照条件，也有利于林木形成长冠型树冠，能够始终保持树冠绿叶层有一个较大的空间比例。

通过轻度修枝和纵向修剪侧枝，塑造长冠与窄冠兼备的理想型树冠，以最大限度地提高树冠采光面积和树冠采光面积系数。

3. 适当疏枝 改善树冠透光条件

如果把树干当作土地，那么侧枝就是生长在土地上的林木。林木生长到一定时候必须间伐抚育，侧枝届时也有必要进行疏枝。对于用材林和以乔木为主体的城市森林，进行适当疏枝，犹如森林的间伐抚育。疏枝对象是过密重叠枝、老龄枝和强势枝条，以及病虫衰弱枝。通过疏枝，可以改善树冠内部光照环境，促进老枝更新，减少病虫害，有利于侧枝健康均匀生长，并能增加树冠绿叶层厚度，提高光能利用效率。

4. 侧枝更新 恢复枝条活力

林木侧枝构成树冠骨架，是绿叶着生之处，是光合作用的平台。但是树木侧枝是要衰老的，其功能也会丧失。尤其是枝龄 10 年以上的老龄枝，功能性枝段所剩无几，已基本无光合作用功能。倘若长此以往，不予更新，对于树木主干生长不但无益，反而有害。此外，还有部分旺长侧枝，特别是霸王枝，也要消耗大量养分和水分，对其他侧枝造成蔽荫。若不予以控制，则将木末倒置，超过主干。在这种情况下，都有必要对其加以更新。以恢复枝条活力和和正常功能，并保持树冠长度。

以上四条措施，归根结底是为了充分利用太阳光，发挥乔木树种高度优势，提高乔木树种的光合作用效率，增加树木生物产量。就用材林来说，主要是为了增加树干的蓄积量。

采取上述技术措施，一般可使林木单位面积产量提高 13% ~ 25%，多的能达到一倍以上。现举实例一则。发明专利申请号 200610050130.1《单条密株造林的林木修剪整枝方法》，把该技术措施应用于檫树造林林木的修枝修剪实践，使 15 年生林木胸径生长量比对照增加 101%，单位面积立木蓄积量比对照提高两倍以上。相比之下的对照林，只成林、不成材，成片造林不能成功。

六、林木修枝修剪技术何以能够方便操作

林木的修枝修剪（含疏枝等），是一种全新的技术措施。由于用材林和以乔木树种为主的城市森林的树干高大，如果该项技术不能操作或难于实施，再好的技术也只能束之高阁、是难以奏效的。那么，怎样才能做到便于人工及机械作业，特别是人工操作呢？只要按照以下技术规范实施，就不难做到方便操作。

1. 修枝

要严格遵守技术规范，只进行轻度修枝（为了林地环境卫生，防治病虫害，培育管理及森林防火等需要），人工塑造长冠型树冠。此种修枝方法，由于树木枝下高度较低，作业人员容易上树操作。

2. 修剪（剪枝）

必须按照树冠幅度等级标准，对幼龄林期林木树冠中、下部的侧枝实行轻度修剪；在中龄林期，对树冠上、中、下部的侧枝（除顶梢部位外）实施中度修剪。修剪后，确保树冠间隙，一般保留侧枝长度 30 ~ 50cm，最长不超过 100cm。以塑造窄冠型树冠。此种修剪（剪枝）方法，由于修剪时保留侧枝长度较短，因此便于施工人员在树上修剪操作。

3. 疏枝

适时从树木主干上疏除枯死枝条、病虫枝、纤弱侧枝、过密重叠枝以及

老龄衰退枝等，以减少侧枝着生密度，增加树冠内部通透性，这样也方便施工人员爬树并在树干上作业。

参考文献

[1] 沈永钢．地球上最重要的化学反应：光合作用［M］．广州：暨南大学出版社，2000

[2] 杜宏彬，吕世新等．树冠论［J］．世界农业学术版，2008（5）：48～30

[3] 潘克昌，吴少华等．论森林修剪［J］．世界农业学术版，2008（9）：74～76

[4] 赵锡成，吕世新等．森林修枝修剪规范［J］．世界农业学术版，2008（10）：118～120

[5] 吕世新，张晖等．保持乔木树种高度优势［J］．世界农业学术版，2008（8）：149～151

作者简介：吕世新（1955～），男，浙江新昌人。高级工程师，新昌县林学会副理事长。出版有科技专著2本，编制省级农业标准2个。目前主要从事森林资源管理和林业技术推广工作。

＊通讯作者

原载全国中文核心期刊《世界农业》学术版2008年第11期（45～47），本文获绍兴市2007～2008年度自然科学优秀论文奖

论绿色植物栽培的共性关键技术

杜宏彬[1]　　吕吉尔[2]

（1. 新昌县科学技术协会，浙江　新昌　312500；

2. 宁波市北仑中学，浙江　北仑　315800）

摘　要：绿色植物栽培的共性关键技术，主要有植株间距调节、植株株型调整、植株分布结构、生长方式改变、高度优势发挥、间种套种混交和保绿叶防病虫等几条。采取上述措施，旨在增加植物群体冠层表面积，即冠层外表接受光照射的面积，此乃是栽培植物提高空间效益及产量的共性关键所在。

关键词：共性关键技术；植株株型；分布结构；生长方式；高度优势；空间效益

　　绿色植物栽培提高空间效益及产量的共性关键，在于增加植物群体冠层表面积（包括作物封行或林木密郁闭前增加有效绿叶面积）；一切围绕着增加群体冠层表面积、利于增加有效绿叶面积的技术措施，就是绿色植物栽培的共性关键技术。

　　现将绿色植物栽培的主要共性关键技术，叙述如下。

一、植株间距的调节

　　每一种植物的植株都占有一定空间，需要适当的间距。植株间距有以下二种不同情况。

　　1. 从栽种到收获为止，间距不变

　　主要为部分生长周期较短的作物，如水稻、小麦、甘薯、油菜等；还有部分生长周期很长的作物，如水果、干果等经济作物。

　　2. 植株间距需要不断变化

　　作物栽植之后，随着植株生长，向着空间不断扩展，原有的间距就不相适应，故需要进行间苗，林业上叫做抚育间伐。间苗或间伐，旨在保持和扩大株间空隙，确保植株绿叶对光照的需求。例如部分蔬菜、尤其叶菜类，还有林业苗木类等。

3. 只变化株距，不变动行距

主要是实行群体栽植方式的作物。如檫树带状造林，松类的丛状栽植，玉米和棉花条（带）状栽培等。

二、植株株型的调整

每一种作物，都有较合适的株型。合适的植物株型，可从以下两个方面着手。

1. 株型选择

在良种繁育中，要选择合适株型，如玉米株型，紧凑型较平展型能增产。被誉为中国玉米之父的李登海所选育的玉米新品种掖单 13 号，是一种紧凑株型玉米，创造了玉米高产新纪录。这种株型由于茎叶夹角小、叶片挺直上冲，使其叶向值、消光系数、群体光合势、光合生产率等生理化指标更趋合理，实现了种植密度、叶面积指数、经济系数和较高密度下单株粒重"四个突破"。在用材林良种选育中，优树之所以常常要求选取窄冠型单株，或者树干圆满通直、枝桠细小、自然整枝性能好的单株，就是因为这种林木所占据的土地面积较少，树冠采光面积系数较高，栽植密度可以加大，有利于提高单位面积产量。当然各种不同植物，对株型的要求也有所差别。

2. 株型塑造

株型塑造是对株型选择的一种补充，主要通过各种人工栽培措施，使植物株型更加完善。就木本植物来说，一般通过人工修剪。尤其是乔木，在生长过程中需要进行修剪。城市森林、生态公益林和用材林，重在树冠外围的纵向修剪，塑造上部略小、下部稍大的近圆柱体形的窄冠型树冠。经济林，除保持必要的株间间隙外，重在树冠内部的修剪，塑造内外都能透光的矮干或中干的各种树冠冠型，如自然开心形、疏散分层形等。修剪，不仅仅是改善植株光照环境，还能防止幼年枝条的生理老化，促进老年枝条的幼化和恢复生机活力。修剪最终目的主要是克服绿叶遮阴弊端，增加冠层表面积，而且往往是通过枝条修剪来实现的。但有时候也需要对绿叶（叶子）进行修剪，尤其是一些大叶植物。修剪对象首先为老龄病虫叶，其次是在植株密度较大、影响光照环境的情况下，可对青壮年叶子适当修剪。通常剪除每枚叶片的上半部分或适当剪去一部分全叶。

例如，带（条）状栽植的茶园和苦丁茶园，其采摘面修剪成半圆形的，要比修剪成平顶地毯形的产量要高，因为前者冠层表面积比后者的冠层表面积多50%左右。在城市森林中，对部分树种宜修剪成上部略小、下部稍大的近圆柱体形树冠，这是因为这种冠型采光效果较好，其冠层表面积为圆锥体形树冠的近2倍。

三、植株的分布结构

植株结构的调节，就是植株栽植分布要有合理的群体结构。指的是一种不同于常规的植株栽植分布方式，即群体栽植方式，林业上叫做群体造林。群体栽植的方式主要有四种：丛状栽植、带状栽植、混合栽植和立柱式栽植。这种栽植方式，作物幼苗的栽植，在土地上的分布是不均匀的。具体地说，它由多株幼苗的近距离栽植而组成为一个个小群体（带状或蓬状），并由许多这样的小群体组成为一个大群体。群体栽植的带内或蓬内株距较小，带间或蓬间距离较大，可以数倍以至十几倍于株距。常见的水稻栽植，一蓬（丛）就是一个小群体，茶园是按照宽行密株栽植的，是一种丛状和带状混合种植方式。群体栽植方式有许多优点，其中最重要的是改变了作物植株内部结构状态，包括植株地面分布和空间分布状态。可充分发挥植株的群体作用和边行优势，扩大植株地上空间和多层上方空间，提高光能利用效率，较能适应作物各个生长时期对冠层表面积的需要，从而达到增产的目的。浙江省新昌县林科所，采用宽行密株和宽窄行的栽植方式，7年生杉木林平均每亩产木材蓄积量10.7029m³（其中保留木6.8840m³，间伐木3.8189m³），创杉木幼林高产纪录。日本九州地区30年生的柳杉，蓬栽比单植的单株材积要多57%，全林蓄积多17%。

四、生长方式的改变

改变植株生长方式，主要应用于藤本植物。绿色植物茎的形态共有四种，其中藤本植物占到三种，种类很多，而且均非直立茎，一般不能直立生长。用人工辅助方法，采用搭架栽培，使其改变成为直立的生长方式，可以明显增产，尤其是匍匐茎类和习惯上匍地蔓生的藤本栽培植物更是如此。搭架栽培的架式，应提倡用直立支架，如吊绳法、悬挂式、篱式和立杆式等。其次是人字架（斜架之一种），藤本蔬菜多用此架式。特殊情况可采用其他斜架和平架。

浙江省嘉兴市南湖区大桥镇，在春季网纹甜瓜生产中，采用大棚立体栽培，搭架引蔓，用吊绳法，每蔓上下固定一根绳子，待蔓长至10~12节时，将蔓引上。采用这种大棚立体栽培，与普通大棚栽培相比，种植株数可增50%，从而使产量得到大幅度提高。网纹甜瓜每亩产量一般在 1 400kg 左右，由于该镇近年来开展大棚立体栽培，产量明显提高，高的达到 2 700kg，平均在 2 400kg 左右。两项发明专利（公开号 CN101073303A 和 CN101073304A），分别叙述了两种甘薯的立体栽培方法，即支架式立体栽培和悬挂式立体栽培方法。具体做法是，从甘薯幼年期起，在行间搭以支架，将薯藤扎缚或悬挂在上面，以改变原有匍匐生长方式和单面受光的状态，使植株直立生长，能四面立体受光。叶面积系数随之从 1.0 左右提高到 2.0 以上，从而使鲜薯产量增加 20% ~60%。

五、间作套作和混交

植物生长方式改变的方式有多种，其中包括间作套作和混交。

1. 间作

是在一块地上，同时期按一定比例间隔种植两种及两种以上的作物。这些作物共同生长的时间较长。如玉米间作大豆或蔬菜等。

2. 套作

主要是一种作物的生长后期（或某一阶段），种上另一种作物，其共同生长的时间较短。如水稻田里套作绿肥，杉木林地套作马铃薯等。

3. 混交

同一块地上，按一定比例间隔种植两种或两种以上树种，这在农业叫间作，而在林业上叫混交。其所构成的林分叫做混交林。混交林中每种树木在林内所占成数不少于一成。如松杉混交，杉檫混交。

间作、套作和混交，意义是多方面的。其中最重要的一条是，能根据主栽作物（目的品种）的生长前期，植株年幼个小，空隙大、绿量少，生长量低下的特点，充分利用地力和空间，增加和扩大有效绿叶面积。从而为绿色植物提高效益及产量奠定基础。例如，据中国科学院海伦农业生态实验站研究表明：玉米马铃薯 2∶1 间作和 2∶2 间作，比清种玉米的经济产量提高19%。浙江省新昌县林科所，9 年生杉木幼林，平均每亩产蓄积 15.3480m³，11 年生蓄积量达到 19.3376m³，创杉木幼林高产纪录。这片林子在种植后的头两年，就是套作马铃薯和花生的。浙江省新昌县小将林场于 1965 年，在海拔 900m 的罗坑山林区营造松杉（黄山松、杉木）混交林面积 0.7hm²。1971 年经标准地调查测定，混交林中杉木比纯林杉木高生长增加 74%，平均胸径增长 18.7%，蓄积量提高 232%，从而有效地扩大了杉木栽植范围，使杉木能够在海拔800m以上的地方正常生长。

六、发挥乔木高度优势

乔木直立茎的生长高度，在很大程度上决定着树冠的长度，并与树冠采光面积系数紧密相关。一般在树冠幅度相同和轻度修枝的情况下，乔木生长高度愈高，树冠绝对长度相应较大，树冠采光面积系数也愈大。例如，设定各有占地面积7.07m^2（冠幅3m），树冠形状为圆锥体形的树木植株3株。其中第一株树冠长度为3m，其树冠采光面积系数是2.0；第二株树冠长度为6m，树冠采光面积系数为4.0；第三株树冠长度为10m，其树冠采光面积系数则为6.67。可见，树木直立茎的生长高度大，其空间效益也较大。

每一种植物都有其适宜生长高度和极限生长高度。为了发挥高位植物的高度优势，应尽可能使之长到适宜的高度，以提高空间效益及产量。尤其乔木是绿色植物中的佼佼者，独具天然高度优势。其树冠采光面积系数，常常可达8.0以上，甚至更高。生长高度，最高的可达100余米，产量很高。在速生用材林中的高产林分，由于连年累计生长的结果，每公顷产出的生物总量，可达数百吨乃至近千吨之巨；年均生物产量也有数十吨，最高上百吨。这远非农作物和其他绿色植物所能比拟的。因此，更应充分发挥其高度优势。而实施纵（向）修剪、轻（度）修枝和忌截干的技术措施，是提高其空间效益的必然选择。

七、保绿叶防病虫

保持和保护植株的基本有效绿叶面积，是绿色植物栽培的重要基础，是共性关键技术之一。尤其是防治食叶害虫，直接关系到有效绿叶面积的多少、植株生长的好坏。例如马尾松毛虫，以松针为食料，为害极大；轻者减少绿叶，影响植株生长；重者啃光所有针叶，导致整片松林死亡。

八、结论探讨

1. 绿色植物都含有叶绿素，能进行光合作用和制造有机物。由于绿叶既是光合作用的重要器官，也是构成植物遮蔽的主要因素，所以在人工栽培中，如何发挥绿叶功能，限制和减少绿叶的蔽荫弊端，增加冠层表面积，使阳光照射下的绿叶达到最大值，也就是说，使单位土地的冠层表面积保持或接近最大值，就成为提高绿色植物空间效益及产量的共性关键。

2. 一切直接促进绿叶功能发挥，限制绿叶遮蔽弊端，增加冠层表面积和冠层表面积系数的人工措施，就是提高绿色植物空间效益的共性关键技术。

3. 实现关键技术的主要措施，概括起来，既有常规技术，也有创新技术。重要的是，对该技术要有规律性的认识。有无这种新认识，结果是不一样的。例如，用材林抚育间伐的时间，通常要等到林分密郁闭后，郁闭度达到 0.8 以上、林木胸径连年生长量下降、枯死枝条达到一定高度之后才进行。但实际上，此时已经错过了最适宜的间伐时间。而最佳的抚育间伐时间应当提早一些，即在林木接近密郁闭、尚未密郁闭，或者刚进入密郁闭之时。此时，树冠下部尚未出现枯死枝条，或只有少量枯死枝条，整个林子处于快速生长期，间伐后仍能保持林木连续快速生长，不会出现生长量下降现象。

总之，绿色植物栽培提高空间效益及产量的共性关键技术有多条，这些技术措施归根结底是要充分发挥绿叶功能，增加植物群体冠层表面积，其中包括从人工栽植初期开始，到作物封行或林木密郁闭前增加有效绿叶面积。

参考文献

[1] 杜宏彬，徐伶，刘振华. 绿色植物提高空间效益的共性关键技术 [J]. 今日科技，2010（6）：41~42

[2] 于洪发，凡虫，李登海. 中国紧凑型玉米之父 [N]. 农民日报，2005-04-19

[3] 胜田正. 新時代を迎えた林木育種——現状と今後の展開 [J]. 日本の林業技術，1986（5）：2~6

[4] 杜宏彬，吕世新，潘克昌. 乔木树冠与森林修剪 [M]. 北京：中国农业科学技术出版社，2009

[5] 杜宏彬. 试论树木的群体造林 [J]. 亚林科技，1984（3）：22~25

[6] 杜宏彬，张道均等. 七年生杉木试验获高产 [J]. 浙江林业科技，1990（6）：40~41

[7] 郑凤海，张月华. 春季网纹甜瓜大棚立体栽培 [J]. 世界农业（学术），2009（4）：14

[8] 新昌县小将林场场志编纂领导小组，新昌县小将林场场志 [M]. 上海：华东理工大学出版社，1997

[9] 吕世新，张晖等. 保持乔木树种高度优势 [J]. 世界农业，2008（8）：149~151

[10] 中国树木志编委会. 中国主要树种造林技术 [M]. 北京：中国林业出版社，1981

[11] Wulfsohn, D., Marco Sciortino, Jesper M. Aaslyng & Marta García-Fiñana. Nondestructive, Stereological estimation of canopy surface area [J]. *BIOMETRICS*, 2010, 66（1）：159~168

［12］Bunce，J. A. The effect of leaf size on mutual shading and cultivar differences in soybean leaf photosynthetic capacity［J］．*Photosynthesis Research*，1990，23（1）：67～72

本文原载中国期刊全文数据库全文收录期刊、中国核心期刊（遴选）数据库全文收录期刊、国家职称评定认定学术期刊《安徽农学通报》2011 年第 24 期（32～34）；编入该书时，略有修改和补充

水稻超高产群体必定是直立叶群体

孙永飞　陈　霞　梁尹明

（新昌县农业局，浙江　新昌　312500）

摘　要：本文从叶是水稻光合作用的主要器官，但也是遮光的主要因素，叶面积并不能完全代表光合面积的关系出发，从数学和物理角度，以试验数据为依据，论述了群体条件下，光是物质生产的主要限制因素，保持叶片直立可以有效改善群体内部的光照状况，并可显著提高群体的二氧化碳同化量，从而最终提高产量。然后明确了栽培措施与叶片直立程度的关系，强调水稻超高产栽培中需特别引起注意，凡明显增加叶片开张角的措施，均不应采取。

关键词：群体；叶片；开张角；光强；超高产栽培

一、光是群体条件下物质生产的限制因素

水稻生产是在群体条件下进行的。群体与孤立的个体状态完全不同。孤立个体能充分从四周接受阳光，光合作用量随叶面积的增加而呈正比例增加，叶面积愈大，产量愈高。而群体条件下，群体内叶片互相重叠，上部叶片受光良好，下部叶片由于被上位叶遮阴，受光量减少，个体所具有的最高光合能力往往不能发挥。如将重叠在某叶上位的叶面积加起来，构成累积叶面积，图1说明了累积叶面积和群体内光照强度之间的一种关系：以最上一叶的强度为100%，第2叶上的相对照强度约下降到50%，第4叶则下降到10%。由此可知，在自然光强为10万勒时，最上1叶、2叶的光合能力可以全部发挥，第3叶只能发挥60%左右，第4叶只能发挥25%左右。当自然光强为5万勒时，只有最上叶的光合能力可全部发挥，第2叶只能发挥70%左右，第3叶、第4叶因光照严重不足，光合作用受到严重抑制。可见在一般群体条件下，光照

总是不能满足需要。叶面积指数在 1.4 以下时，其群体光饱和点大致与孤立状况下的个体相同；但当叶面积指数达 6 时，光照强度即使增加到 8 万勒，光合作用仍然近直线上升，仍处于光不饱和状态，这表明光是群体条件下物质生产的限制因素，增加群体内的光照强度，就可能增加群体光合量，提高群体物质生产能力。

二、保持叶片直立则可有效改善群体内光照状况

水稻叶片开张角与叶片投影的关系如图 2 所示。开张角 α 愈小，则剑叶 AB 愈直立，在垂直光照下的投影（遮阴）AC 就愈小，即下位叶的受光状况愈好；反之开张角 α 愈大，则剑叶愈倾斜，在垂直光照下的投影愈大，即下位叶的受光状况愈差；因此，保持叶片直立，可有效改善群体内部光照状况。据蒋彭炎田间测定结果，广陆矮 4 号在剑叶层叶面积指数为 2.4 ~ 2.7 条件下，剑叶开张角为 11°37′的群体，剑叶基部的光照强度为自然光照的 55% ~ 60%；开张角为 30°54′的群体，剑叶基部的光照则下降为自然光强的 40% ~ 45%。

图 3 则进一步表明，只有把水稻叶片的开张角降至 10°以下，才能大大降低单位叶面积上的直射光强度，减少叶片之间的遮阴，大幅度提高叶面积指数，满足高产要求。

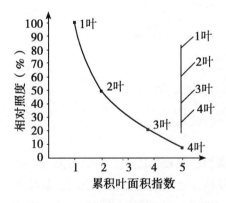

图 1　群体叶层与光照强度的关系模式

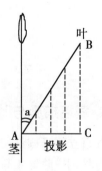

图 2　水稻的叶开角与叶片投影

三、直立叶群体与非直立群体光合作用的比较

由于直立叶群体受光状况优于非直立叶群体，因此二氧化碳同化量前者显著高于后者。据在叶面积指数为 7.1 的水稻日本晴上测定结果（松岛省三），在 5.02J/（$cm^2 \cdot min$）光强下，直立叶群体的二氧化碳同化量为 7g/（$m^2 \cdot h$），比弯曲下垂叶群体 4g/（$m^2 \cdot h$）大 75%。又据蒋彭炎报道，在群体条件下，直立叶单株二氧化碳同化量为 158.2mg/10min，弯曲叶单株仅为 103.9mg/10min，直立叶比弯曲叶单株增加 52.3%。

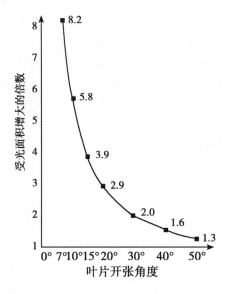

图3　水稻叶片开张角度与受光面积的关系

四、栽培措施与叶片直立程度

叶片直立程度固然与品种特性关系密切，栽培措施对其影响也很大。据蒋彭炎对早稻广陆矮 4 号的观察，一次枝梗分化期前后适施氮肥的，剑叶开张角为 11.62°，亩多施 2.5kg 纯氮时，剑叶开张角则达 30.90°。又如黄庆文对汕优 2 号的观察，在亩施 12kg 纯氮的基础上，于一次枝梗分化期施 3kg 纯氮时，顶 1~3 叶的开张角分别为 14.4°、21.3°、23.9°；而当推迟到抽穗期施用 3kg 纯氮时，顶 1~3 叶开张角分别为 9.4°、17.4° 和 21.2°。即叶角前者比后者分别增大 53.2%、22.4% 和 12.7%。大田生产中也时常可观察

到水稻营养生长过旺而造成叶片披垂的现象。

因此，在超高产栽培中，需要关注栽培技术措施对叶开张角尤其是顶1~3叶开张角的影响。凡明显增大开张角的措施，均是不合理的，不应采取。

作者简介：孙永飞（1960~），男，汉族，浙江新昌人，农业技术推广研究员，浙江省生态学会第四届理事会农业生态专业委员会委员。主要从事农业技术推广及水稻超高产栽培和生态农业研究。出版有《水稻超高产模式株型栽培法》等专著。作者是科技项目"超级稻协优9308的选育、超高产生理研究及生产集成技术示范推广"主要完成人之一，其所在单位新昌县农业局为主要完成单位之一；该项目获2003年浙江省科技进步一等奖、2004年国家科技进步二等奖。

原文刊载于孙永飞、陈霞、梁尹明著的《水稻超高产模式株型栽培法》一书（48~52），成都：四川科学技术出版社，新疆科技卫生出版社（K）出版发行，2000年4月。编入本书时，增加了"摘要"和"关键词"内容。

栽培植物株型的选择与塑造

杜宏彬[1] 朱 勇[2] 吴升仕[1]

（1. 新昌县向阳苦丁茶研究所[*]，浙江　新昌　3125000；

2. 新昌县羽林街道办事处林业站，浙江　新昌　312500）

摘　要：栽培植物株型选择属于植物育种范畴，植物株型塑造是对株型选择的补充，二者都不可或缺。其共同宗旨是创造植物理想株型，主要目标是增加群体冠层表面积，以获得最多的最终产物。而增加植物群体冠层表面积，是绿色植物提高空间效益和产量的共性关键，因此，栽培植物株型选择与塑造，就成为该共性关键的技术之一。

关键词：理想株型；紧凑型；竖叶型；长冠型；窄冠型；群体冠层表面积

一、植物株型的概念

顾名思义，植物株型就是植物植株的形状，即植株个体在空间的几何分布状态，是构成冠层结构的重要因素之一。

1. 农作物的株型

农作物的株型，一般分为叶型、茎型、穗型和根型。其中叶型和茎型明显地影响田间群体结构状况和小气候，研究它对利用和改善田间小气候，提高光能利用率和作物产量，有着重要意义。同时，观测株型也是作物栽培和育种工作所必需的。

2. 树木的株型

树木株型，一般是指乔木树冠形状，即冠型。树冠是全部分枝、叶的总称。

（1）按树冠长度区分冠型　按树冠长度区分，有长冠型树冠、中长型树冠和短冠型树冠三种。

（2）按树冠幅度区分冠型　按树冠幅度区分，有窄冠型树冠、中幅型树冠和宽冠型树冠三种。

（3）树冠综合型 综合型树冠有多种形状，如圆锥体形、圆柱体形、塔形、长方体形、椭圆形、卵形、球形、半球形、扇形、自然开心形、疏散分层形、伞形等。此外，还有更多不规则的树冠形状。

二、栽培植物株型的选择

1. 株型选择的意义

几乎每一种植物皆有多种株型，例如牡丹，按株型分有直立型、开展型和半开张型三种。玉米株型，按叶型也有平展型和紧凑型之分。人类需根据自己的需要，来选择合适的株型。主要是谋求提高植物的生物量或产量，当然还有其他多种目的。

植物群落生产量与光截获量成正相关关系。植物株型及其冠层结构，不仅直接影响太阳光的截获量，而且通过影响冠层内水、热、气等微环境，最终影响着群体的光合效率和作物产量，因此，多年来一直是作物生理、栽培和育种等学科研究的热点。株型选择是可以遗传的，各种作物优良株型选择，也成为育种的重要任务之一。

1968 年，澳大利亚农学家 Donald 提出了植物理想株型理论。植物理想株型包含了在特定的栽培系统中能够获得最多的最终产物的各种理想的植物特性，目前这一理论已经成为选择育种和分子育种的目标和定律。

2. 农作物株型的选择

农作物对株型的要求因品种不同而异。现以禾本科作物为例，如水稻、小麦、玉米等，多从叶型上进行选择。一般适宜选择株型紧凑的竖叶型品种。孙永飞等提出水稻超高产群体必定是直立叶群体的新概念。因为这种株型在同样叶面积条件下，占地面积较少，叶面积系数较高；同时，绿叶既是光合作用的载体，也是构成植物蔽荫的主要因素。竖叶品种的上部叶片构成蔽荫少，致使下部叶片受光较披叶型好，可以充分发挥下部叶片的光合潜力，延长功能期，对植株健壮生长有利。水稻株型也有从穗型上选择的，据报道，以直立或半直立大穗型的生物产量高。

玉米株型，紧凑型较平展型能增产。被誉为中国玉米之父的李登海所选育的玉米新品种掖单 13 号，就是一种紧凑株型玉米，创造了玉米高产新纪录。这种株型由于茎叶夹角小、叶片挺直上冲，使其叶向值、消光系数、群体光合势、光合生产率等生理化指标更趋合理，实现了种植密度、叶面积指数、经济系数和较高密度下单株粒重"四个突破"。

3. 树木株型的选择

株型选择是树木育种的一个方面。在用材林良种选育中，优树之所以常常要求选取窄冠型单株，或者树干圆满通直、枝桠细小、自然整枝性能好的单株，就是因为这种林木所占据的土地面积较少，树冠采光面积系数较高，栽植密度可以加大，有利于提高单位面积产量。当然，各种不同植物对株型的要求也有所差别。

在高密度、灌溉、集约经营系统下的杨树速生丰产林理想株型，其树冠形态特征为：枝桠朝上，与树干夹角小，形成长而窄的树冠；大量的当年生枝条；枝上叶片密度大；树冠上部叶片大，直立向上，树冠下部叶片小，水平展开；树冠上部长短枝条比例高；快速自然修枝；雄性柔荑花絮少或败育。

部分果树和经济林，如柑橘、油茶等一些品种，也要求紧凑型树冠。

三、栽培植物株型的塑造

植物株型的选择主要靠育种，即根据各种植物特性和人们不同需求，从众多的自然资源库中，选择出优良的株型来。而栽培植物株型的塑造，则是对现有优良株型的一种补充，靠的是人为的技术措施，即通过人工培育管理，使植物株型更加完善。现介绍其中的两条：科学化控和人工修剪。

1. 科学化控

科学化控，主要是用药剂如矮壮素、多效唑、甲哌鎓（缩节胺）等，控制植物营养器官生长。当然，也有控制繁殖器官的，如用乙烯利（一试灵）疏除茶树花果，一般喷后15d落花率可达80%以上。

棉花在整个生育期内，一般以进行四次化控为宜。现蕾期每亩用甲哌鎓1.5g防止疯长；初花期每亩用甲哌鎓2g防旺促转化；盛花期每亩用甲哌鎓2~3g抑制中部节间伸长；打顶后5~7天每亩用3g甲哌鎓封顶封边心，促进光合产物向生殖器官运输。可有效地防止棉株旺长，塑造理想株型，培育高光合群体，减少蕾铃脱落。

番茄苗期用56mg/L矮壮素水剂，进行土表淋洒，可使番茄株型紧凑并提早开花。黄瓜于15片叶时，用62.5mg/L防落素剂全株喷雾，可促进坐果。

作物接近封行或林木接近密郁闭（郁闭度达0.7及其以上），在叶面积系数达到拐点之前，必要时可采用科学化控方法，抑制其生长，以保持和延长植物群体的冠层表面积最大值或近似值。

2. 人工修剪

人工修剪多数用于木本植物，现仅举几例。

柑橘摘心。四川省岳池县果树站，对柑橘幼旺树的早秋梢进行摘心，两年试验结果表明，可显著提高幼树着果率和产量，其产量为对照的 9 倍。

苦丁茶树修剪。苦丁茶（大叶冬青）是乔木树种，其修剪方法往往比照茶树，修剪后留养茶蓬高度较低。发明专利公开号 CN1965626A《一种带状栽植苦丁茶园的修剪方法》，在定型修剪时，从主干高度 1.3～1.5m 处剪断，其纵剖面为梯形的立体树冠。而不像普通茶园那样，茶蓬较低（不超过 1m）。从而使该苦丁茶园的树冠采光面积系数比对照增加 1.3～2.4 倍，4年生苦丁茶园单产比对照提高 115%～150%。

以乔木树种为主体的城市森林、生态公益林和用材林，主干明显，特具高度优势，其修剪方法必须适应该特点。故对于中成林树木，在其接近密郁闭，即冠层表面积达到或接近最大值时，实施纵向修剪，以扩大树冠间隙。修剪时，宜保持长冠与窄冠兼备的树冠，综合冠型适宜修剪成上部略小、下部稍大的近圆柱体形树冠。因为这种树冠的冠层表面积较大，约为圆锥体形树冠的 2 倍，树冠紧凑，光合效率较高。这与玉米之所以选择紧凑株型是基于同一道理。只是乔木是多年生植物，株型特点不同而已。乔木经首次修剪后，过若干年（一般 3～4 年），待林木重新接近密郁闭时，再进行第二次修剪。以后各次修剪方法相同，依此类推。如此修剪→郁闭→再修剪→再郁闭，就可以始终保持最大的冠层表面积（树冠采光面积），不断促进森林快速生长。所谓冠层表面积，是指植物冠层外表受光照射的面积；乔木的冠层表面积，也称为树冠采光面积。

果树和其他以采收果实种子或叶子为目的的经济林木，不仅要有合适的外部株型，还应考虑树冠内部的透光性，并要有一定的绿叶层厚度。如鸭梨宜采用主干疏层形或多主枝自然形树形，黄花梨幼树可采用主干疏层形树形，桃树用自然开心形，茶园的绿叶层厚度以 15cm 以上为宜等。

四、结论探讨

1. 植物株型选择，是育种的重要工作之一。株型选择能够遗传，且通过无性繁殖，可以固定下来。而植物株型塑造，包括科学化控和人工修剪，则是对株型选择的补充，虽然不能遗传，但却也非常必要，是不可或缺的。

2. 无论是株型选择，还是株型塑造，其目的都是为了创造植物的理想株型，以满足人类的各种需求。

3. 植物理想株型的主要标准，是最大限度地增加单位面积上的群体冠层表面积（其中包括作物封行或林木密郁闭前，增加有效绿叶面积），这是获得最高的最终产物的基础。

4. 充分发挥绿叶功能，最大限度地增加植物群体冠层表面积（即植物冠层外表接受阳光照射的面积）和有效绿叶面积，是提高绿色植物空间效益和产量的共性关键所在。而一切围绕着此共性关键所采取的主要措施，包括株型的选择和塑造，就成为共性关键技术。

参考文献

[1] 李少昆，王崇姚．作物株型和冠层结构信息获取与表述方法 [J]．石河子大学学报（自然科学版），1999，(3)：250～255

[2] 牛正田，张绮纹，彭镇华等．国外杨树速生机制与理想株型研究进展 [J]．世界林业研究，2006，(2)：23～27

[3] 孙永飞，陈霞，梁尹明等．水稻超高产栽培模式株型栽培法 [M]．成都：四川科学技术出版社，新疆科技卫生出版社（K），2000．

[4] 杜宏彬．关于树冠采光面积系数的思考 [J]．江西林业科技，2009 (2)：22～24

[5] 郭振升．株型对小麦光合性状及光合环境的影响研究 [J]．安徽农业科学，2007 (10)

[6] 陈温福，徐正进．水稻新株型创造与超高产育种 [J]．作物通报，2005 (05)

[7] 于洪发，凡虫．李登海：中国紧凑型玉米之父 [N]．农民日报，2005.04.19

[8] 胜田正．新時代を迎えた林木育種——現状と今後の展開 [J]．日本の林業技術，1986 (5)：2～6

[9] 张鹏，王有年，刘建霞编著．梨树整形修剪图解 [M]．北京：金盾出版社，2005，5

[10] 苏其宥．怎样用"乙烯利"疏除茶树花果 [J]．农村经济与技术，2002 (02)

[11] 泡泡．关于棉花种植上的问题 [J]．安徽省农村综合经济信息，中国农业科技，2008－7－22

[12] 舒平．柑橘幼旺树早秋梢摘心促花增产显著 [J]．中国柑橘，1986 (3)

[13] 潘克昌，吴少华，杜宏彬等．论森林修剪．世界农业学术版 [J]．2008 (9)：74～76

本文原载中国期刊全文数据库全文收录期刊、中国核心期刊（遴选）数据库全文收录期刊、国家职称评定认定学术期刊《安徽农学通报》2011 年第 22 期 (97～98)

注：新昌县向阳苦丁茶研究所原名新昌县苦丁茶研究所，系民办非企业单位，创建于1999 年。2004 年被新昌县人民政府命名为"重点农业民营科技研究所（中心）"；2009 年根据上级有关文件精神，新昌县苦丁茶研究所更名为"新昌县向阳苦丁茶研究所"。

关于树冠采光面积系数的思考

杜宏彬

（新昌县科学技术协会，浙江　新昌　312500）

摘　要：围绕着树木光合作用，根据乔木树冠特点，深入研究了树冠采光面积系数这一新概念。认为树冠采光面积系数，与叶面积系数一样，都是绿色植物光能利用效率的反映，但前者比后者更加符合客观实际，更为实用，也便于测定。树冠采光面积系数，系指树冠采光面积和土地面积的比值，是树木生产潜力的重要标志之一。它随着树冠长度增大而增加，随着树冠幅度增大而减小。为此，通过合理的修枝修剪技术措施，为乔木塑造一个理想的树冠冠型和形状，以寻求树冠采光面积系数的最大值或较大值，从而提高林木的生物产量，充分发挥乔木树种高度优势及其空间效益。

关键词：光合作用；树冠采光面积；树冠采光面积系数；树冠冠型；纵向修剪

树冠采光面积系数，仅对具有树冠的木本植物特别是乔木树种而言。

一、树冠采光面积系数的含义及其重要性

1. 从叶面积系数到树冠采光面积系数

叶面积系数是单位土地上植物叶面积总和，即叶面积与土地面积的比值。一般叶面积系数愈高，光能利用效率较高，但要视光照环境如何。倘若光照条件较差，即使叶面积系数较高，其光能利用效率未必较高。可见，叶面积系数还要考虑绿叶（叶片）受光状况。

对于木本植物来说，反映其光能利用效率的高低，除了叶面积系数外，还可以用树冠采光面积系数来表示。然而，在树冠采光面积系数的计算公式中，并没有叶面积，而是用树冠采光面积来替代叶面积的。所谓树冠采光面

积，是指树冠外围接受光照射的树冠外表面积。树冠采光面积系数，是单位面积上树冠采光面积数，即树冠采光面积与土地面积的比值。由此可见，树冠采光面积系数系从叶面积系数演变而来的。

其计算公式如下：

$R = As/Al$　　　　公式中：R 为树冠采光面积系数；

　　　　　　　　　　　　As 树冠采光面积；

　　　　　　　　　　　　Al 土地面积。

光合作用是绿色植物利用太阳能将二氧化碳和水转化为碳水化合物并释放出氧气的过程。由此可见，植物的光合作用一要靠阳光，二要靠绿叶，三要有二氧化碳和水。也可以比喻为，一是原动力，二是载体，三是原材料。叶面积系数虽然说明了植物叶面积和土地面积的关系，即单位土地面积上叶面积之多少，但并不能反映出树木的受光状态。因为树木叶子既是光合作用的载体，同时也是构成树木遮蔽的主要因素。如果没有阳光，或者多数叶子被遮蔽，那么叶面积和叶面积系数再高，也无实际意义。而树冠采光面积系数，则能兼顾到绿叶和阳光两个方面，较之叶面积系数，更能准确地反映出树冠受光面积的大小和光能利用效率高低的实际情况，也更为实用，便于测定。例如，部分针叶树种，叶片呈针形或鳞片状；也有的树种如木麻黄（*Casuarina equisetifolia*）、柳杉（*Cryptomeria fortunei*），茎叶不分。它们的叶面积和叶面积系数是很难测定的，而树冠采光面积和树冠采光面积系数测定则比较容易。

2. 树冠采光面积系数是树木生物产量潜力重要标志之一

树冠采光面积系数是树木光能利用效率的标志，也是树木生物产量潜力的重要标志之一。因为光合作用是地球上最重要的化学反应，对树木和作物产量的构成起着决定性作用。在植物生长过程中，90% ~95% 的干物质来自光合作用，只有5% ~10% 是从土壤中吸取的养分构成。树冠采光面积系数愈高，光能利用效率也愈高。发明专利公开号 CN1535565A，对苦丁茶（*Ilex latifolia*）1 ~2 年生播种苗木实施叶片修剪。将该苗木每个叶片剪去前半部分，保留下半部分，叶面积系数由原来的3.1 降低到2.0；郁闭度由原有的1.0 降到0.6；树冠采光面积系数从1.1 提高到1.9 左右；苗木的有效绿叶层厚度从20cm 增加到35cm。从而促进了苗木质量和产量，使规格苗比例增加15% ~20%，造林成活率提高21%。究其原因，是在密度较大的情况下，苦丁茶苗木叶面积和叶面积系数虽然较高，但由于植株间相互覆盖遮蔽，影响透光通气。经修剪后，叶面积虽然大幅度减少，而光照条件却得到明显改善，采光面积显著增加，从而有力地促进苗木生长，提高苗木质量。

二、树冠采光面积系数与长冠型树冠

树冠采光面积系数与树冠长度密切相关。在占地面积相同（7.07m²）的情况下，树冠长度愈长，树冠采光面积系数愈大；反之亦然。在树冠长度的三个等级中，以一级长冠型的树冠采光面积系数最大，二级中长型的树冠采光面积系数居中，三级短冠型的树冠采光面积系数最小。其中，一级长冠型树冠采光面积系数的平均值，分别为二级中长型树冠的 1.6 倍和三级短冠型树冠的 4.5 倍（表1）。

表1　树冠采光面积系数与树冠长度等级

树冠长度（m）	短冠型			中长型				长冠型		
	1.0	2.0	3.0	4.0	5.0	6.0	7.0	8.0	9.0	10.0
树冠采光面积（m²）	4.71	9.42	14.14	18.85	23.56	28.27	32.99	37.70	42.41	47.12
树冠采光面积系数	0.67	1.33	2.00	2.67	3.33	4.00	4.67	5.33	6.00	6.67

注：设定占地面积 7.07m²（冠幅 3m），树冠形状为圆锥体形，树干高度 11.5m

三、树冠采光面积系数与窄冠型树冠

树冠采光面积系数也与树冠幅度密切相关。在一定范围内，树冠幅度愈小，树冠采光面积系数愈大；反之，树冠幅度愈大，树冠采光面积系数愈小。在树冠幅度的三个等级中，以一级窄冠型的树冠采光面积系数最大，二级中幅型的树冠采光面积系数居中，三级宽冠型的树冠采光面积系数最小。其中，一级窄冠型树冠采光面积系数的平均值，分别为二级中幅型树冠的 2.0 倍和三级宽冠型树冠的 4.0 倍（表2）。

表2　树冠采光面积系数与树冠幅度等级

树冠幅度（m）	窄冠型			中幅型				宽冠型		
	1.5	2.0	2.5	3.0	3.5	4.0	4.5	5.0	6.0	8.0	10.0
树冠采光面积（m²）	23.56	31.42	39.27	47.12	54.98	62.83	70.69	78.54	94.25	125.66	157.08
树冠采光面积系数	13.33	10.00	8.00	6.67	5.72	5.00	4.45	4.00	3.33	2.50	2.00

注：设定树干高度 11.5m，树冠长度 10m，树冠形状为圆锥体形

四、树冠采光面积系数与树冠综合冠型

1. 树冠冠型

如前所述，乔木树冠虽有多种形状，但都可以按其树冠长度和树冠幅度

区分为不同的冠型类别。其中,按树冠长度可分为长冠型、中长型和短冠型三个等级。各级标准为,长冠型树冠长度与树干高度之比≥2/3;中长型树冠长度与树干高度之比=1/3～2/3;短冠型树冠长度与树干高度之比≤1/3。按树冠幅度可分为窄冠型、中幅型和宽冠型三个等级。各级标准为,窄冠型树冠幅度与树冠长度之比<1/4;中幅型树冠幅度与树冠长度之比=1/4～1/2;宽冠型树冠幅度与树冠长度之比≥1/2。

2. 树冠综合冠型

就每一个具体的乔木树冠来说,皆是一种综合的树冠冠型,即既有树冠长度,也有树冠幅度,并且分属于不同或相同的冠型等级。其中每一个树冠长度等级,都可能有三种不同的树冠冠幅等级;同样,每一个树冠幅度等级,也可能有三种不同的树冠长度等级(图1)。

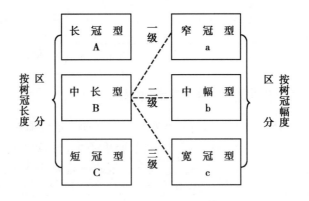

图1 乔木树冠冠型示意图

所以,乔木树冠的综合树冠冠型共有以下9种:A×a,A×b,A×c;B×a,B×b,B×c;C×a,C×b,C×c。即长冠型×窄冠型,长冠型×中幅型,长冠型×宽冠型;中长型×窄冠型,中长型×中幅型,中长型×宽冠型;短冠型×窄冠型,短冠型×中幅型,短冠型×宽冠型。

3. 树冠采光面积系数最大的综合冠型

正如表1和表2所示的,由于长冠型的树冠采光面积系数是树冠长度三个等级中最高的,窄冠型的树冠采光面积系数是树冠幅度三个等级中最高的,因此,在9种综合树冠冠型中,以A×a即长冠型×窄冠型综合冠型的树冠采光面积系数最高,而树冠采光面积系数最小的则是C×c即短冠型×宽冠型的综合冠型。这种综合树冠的形成,往往是由于重度修枝所致。

五、几种树冠形状及其受光状态比较

1. 树冠的多种形状

乔木冠形具有多样性，有圆锥体形、圆柱体形、塔形、长方体形、椭圆形、卵形、球形、半球形、扇形、自然开心形、疏散分层形、伞形等。此外，还有更多不规则的树冠形状。

2. 不同树冠形状的受光状态

在以上各种树冠形状中，以圆锥体形树冠的受光状况较好。因为该种树冠上小下大，上方树冠不会构成对下方树冠的遮蔽。圆柱体形树冠次之，上方侧枝对下方侧枝尚有轻度遮蔽。所以圆柱体形树冠绿叶层的厚度不如圆锥体形树冠。再次是长方体形、椭圆形等。最差的可能要数扇形和伞形了。而各种各样不成规则的树冠形状，均不甚理想，几乎都有部分树冠或侧枝，经常处于被遮蔽或半遮蔽的状态。

圆锥体形树冠受光状况虽然较好，但其树冠采光面积只有圆柱体形树冠的一半；圆柱体形树冠受光状况虽然比圆锥体形树冠略逊，但其树冠采光面积却明显较大，约为圆锥体形树冠的 2 倍。

六、结论和探讨

1. 乔木的理想冠型及形状

综上所述，在所有 9 种树冠的综合冠型中，以长冠型×窄冠型（即 A×a）的树冠采光面积系数最高。在所有树冠形状中，以圆柱体形树冠的受光状况较好，它虽然略差于圆锥体形树冠，但其树冠采光面积却较大，为圆锥体形树冠的 2 倍。这两种树冠是可以优势互补的。对于以乔木树种为主的城市森林、生态公益林和用材林，以及部分乔木经济林，其理想的树冠综合冠型模式，应该是长冠型树冠与窄冠型树冠兼备，上部侧枝略短、下部枝条稍长的近圆柱体形（或塔形）树冠。

2. 理想树冠形状塑造方法

塑造理想冠型的目的，也是为了充分利用叶子的载体功能，有效限制叶子的遮阴弊端；寻求最大或较大的树冠采光面积系数，即找到绿叶和阳光之间的最佳平衡点。为此，理想冠型塑造，必须通过少修枝（整枝）、忌截干（梢）和多修剪（剪枝）的方法才能实现。少修枝、忌截干，是保持树冠绝对长度和相对长度的保证。修枝强度务必要小。一般每次修枝后，所保留树冠的长度不得小于树干高度的 2/3。同时要强调忌截干，改变一些地方在城

市绿化中的截干（梢）习惯。

多修剪，是形成窄冠型树冠的保证。多修剪，就是当林木接近郁闭时，在树冠的外围上下进行纵向剪枝（除树木梢部 1～2 年生外），剪去每个主侧枝长度的 1/2～2/3，控制其长度和粗度，塑造窄冠形树冠，保持树冠间隙，形成透光环境。经第一次修剪后，过若干年，待林木将要重新郁闭时，再进行第二次修剪，方法同第一次。每次纵向剪枝的适宜时机，是林木将要郁闭尚未郁闭之时。如此修剪、郁闭、再修剪、再郁闭，循环往复，经多次修剪，就可以不断地促进林木快速成长。林木多次修剪（剪枝）的过程，实质上就是不断地打破森林郁闭、又不断使森林重新郁闭，塑造理想型树冠，始终保持树冠采光面积系数最大值或较大值的过程。

新昌县苦丁茶研究所，对苦丁茶幼林实施本纵向修剪（剪枝）方法，4 年生幼树高生长量比对照增加 21%，胸径生长量增加 25%，年产鲜（茶）叶量比对照提高 52%。

以上人工塑造乔木理想冠型的技术措施是可行的，但尚欠规范标准。例如，窄冠型树冠也并非愈窄愈好，应该有一定限度。同时，还要能考虑到如何才能做到操作方便，实施容易的原则，使之真正能发挥效益。而正常的森林培育措施（包括抚育间伐）也不能少。

目前该项森林修枝修剪（剪枝）技术还处于初始阶段。普遍实施这一技术，在用材林特别是生态公益林方面推行这一技术，还存在一定难度。然而，这是符合森林和树木生长规律，提高乔木生物产量的客观要求，也是林业实现全面协调和可持续发展的一个必然趋势。

参考文献

[1] 沈永钢. 地球上最重要的化学反应：光合作用 [M]. 广州：暨南大学出版社. 2000
[2] 杜宏彬，吕世新，赵耀鑫等. 树冠论 [J]. 世界农业，2008（5）：48～50
[3] 吕世新，石志炳，杜宏彬等. 树冠绿叶层研究. 世界农业，2008（11）：45～46
[4] 潘克昌，吴少华，杜宏彬等. 论森林修剪. 世界农业，2008（9）：74～76
[5] 吕世新，张晖，杜宏彬等. 保持乔木树种高度优势. 世界农业，2008（8）：149～151

本文承林协研究员指导，系浙江省林业厅老科学技术工作者协会 2008 年年会论文，刊载于中国科技核心期刊、中文科技期刊数据库全文收入期刊《江西林业科技》2009 年第 2 期（22～24）

论植物的群体栽植

徐国绍[1]　王绍越[2]　吕忠炉[3]　杜宏彬[4]

（1. 新昌县林木种苗管理站，浙江 新昌 312500；

2. 新昌县新林乡林业工作站，浙江 新昌 312500；

3. 新昌县城南乡林业工作站，浙江 新昌 312500；

4. 新昌县向阳苦丁茶研究所，浙江 新昌 312500）

摘　要：植物群体栽植是一种以多株幼苗（或种子）为一个小群体单元，且株行距不相等的栽植方法。植物群体栽植是调整植物植株在地面空间和上层空间分布结构状态，改变常规栽植方式，扩大（小）群体间距、缩小群体株距的新栽植方法。介绍了群体栽植的概念、方式、空间效益、优势、机理等，为农业生产提供参考。

关键词：群体栽植；植物；空间效益；优势；机理

一、群体栽植的概念

作物的群体栽植是一个新概念，它与常规的单株均匀栽植方法有着本质上的区别。

1. 植物的单株栽植

植物的单株栽植是一种常规的栽植方法，作物在地面上实行单株栽植，即一穴（孔）栽 1 株；植株在地面上分布均匀，株行距离相同或基本相等。

2. 植物的群体栽植

植物的群体栽植，是一种以多株幼苗（或种子）为一个小群体单元，且株行距离不相等的栽植方法。这种栽植方法，首先是由多株幼苗的近距离栽植，组成为一个小群体，在该小群体内部，距离（株距）较小；其次是由许多这样的小群体，组成为一个大群体（或林分），在各个小群体之间的距离（行距或丛距）较大，使植株向各小群体相对集中。如此，有利于充

分利用光照，发挥植物植株的群体优势和边行（边缘）优势，提高生物产量。

二、群体栽植的方式

从目前情况看，植物的群体栽植方式，主要有以下四种：

1. 丛状栽植方式

丛状栽植，也称蓬状栽植或团状栽植（林业上叫团状造林）。这种栽植方式，每丛栽植 2~6 株幼苗（或种子）。丛内有时无株距（零距离），如水稻丛插，马尾松丛植造林等；有时则有株距，其中农业上株距小一些，林木上株距大一些：小至几厘米，大至数米。单位面积上的丛数，根据每亩基本苗数确定；用材林大致可根据林木成材时（胸径达 17cm），每亩应保存的树木株数而定。如吉林省三岔子林业局的樟子松丛植更新造林，每亩只挖穴 27~33 个，穴面积 $1m^2$，每穴种植苗木 4~5 株。

2. 带状栽植方式

带状栽植方式，作物在地面上的分布呈带状，每一带种植幼苗 1~2 行。其中每带种 1 行的，叫宽行密株，也称单条植；一带种 2 行的，是宽窄行栽植，也叫双条植。这种栽植方式，行距大于株距，宽行大于窄行。如檫树造林，一般每亩种植 60 株。按常规造林方法，株行距离各为 3.33m。若按宽行密株种植，可按 6.67 m×1.67m，即行距 6.67m，株距 1.67m。若采用宽窄行造林，则株距可为 2m，窄行 3m，宽行增加到 8m 左右；即（2m + 3m）×8m。

在带状栽植中，林业种苗和作物栽培上，有一种叫做宽幅条播的，系从原有的窄行条播改变而来，类似宽窄行栽植方式。

3. 混合栽植方式

以茶苗栽植为例。是一种带状栽植和丛状栽植相结合的栽植方式。其中采用宽窄行与丛植相结合的规格为：大行距（宽行）1.33m，小行距（窄行）40cm，丛距 33cm，每丛种植茶苗 2~3 株。相邻 2 行（窄行）的茶丛按等腰三角形交错排列。其次，宽行密株与丛植相结合的方式。其种植规格为：行距 1.5m，丛距 25~33cm，每丛种植 2~3 株茶苗。

4. 立柱式栽植方式

立柱式栽培系垂直栽培，通过竖立起来的栽培柱或其他形式作为植物生长的载体，集立体栽培、无土栽培、设施栽培于一身。在每根栽培柱上，栽植幼苗数株至几十株，形成一个小群体。该栽培方式把单层地面栽培，提升到多层立体栽培，大大提高了土地利用率。因此，具有广阔的发展前景。这种栽培方式，适用于低矮小株型植物，如草莓、叶菜、花卉类等作物。

在以上四种栽植方式中，前三种方式主要是从地面空间调整植物的分布结构，使植株向各个小群体（丛或带）相对集中；后一种方式，系从多层立体空间调整作物的分布结构，使植株在空间里向各个栽培柱（小群体）相对集中。

三、群体栽植的空间效益

植物的群体栽植，作为一个新概念的提出，还不到 30 年时间。但是群体栽植作为一个事实存在，却有着悠久历史，只是人们长期以来未加以注意和总结罢了。

1. 农业上的群体栽植

农业上的群体栽植列举如下。

水稻丛植。中国水稻栽培历史悠长，至今已有 7 000 余年。大米一直是长江流域及其以南人民的主粮。早期水稻主要是靠直播，东汉时水稻技术有所发展，南方已出现耕地、插秧、收割等操作技术，也就是说，水稻插秧起始于东汉。而插秧一直以来都搞丛植，一丛就是一个小群体。现在的状况，并不是要不要丛植的问题，而是如何丛植、采用什么方法丛植。贵州省农科院等用 3 个不同熟期的杂交水稻组合，采用强化栽培（SRI）与"三角丛植"方式和超高施肥的集成技术，在贵阳（海拔 1 140m）的试验结果与常规栽培（CK）的结果比较，有效穗和颖花数增加达极显著，早熟组合黔两优 58 产量达 11 437.5kg/hm^2，比 CK 增产 14.66%；晚熟组合汕优 63 产量为 10 717.5kg/hm^2，比 CK 增产 10.52%；中熟组合金优 431 产量达 12 837.0kg/hm^2 的超高产水平。

小麦宽幅条播。其主要特点；一是扩大播幅宽度，改单行条播（1 ~ 2cm）为宽幅条播（8cm）；二是优化行距，改传统的小行距（15cm）为大行距（22cm），扩大了小麦单株生长空间和营养面积，单位面积增产 7% 以上。

玉米宽窄行栽植。根据吉林省农业科学院综合研究所试验，玉米宽窄行种植与现行耕法相比，公顷生产费用降低 510 ~ 560 元，生产成本降低 20%，5 年试验结果平均增产 14.6%。

立柱式栽培。立柱式栽培适用于低矮小株型植物，如叶菜类的生菜、芹菜等；果菜类的草莓、番茄等；根系类的萝卜、山芋等。这种栽植方式，能使作物植株通过立柱向空间发展，可提高土地利用率 3～5 倍，提高单位面积产量 2～3 倍。

2. 林业上的群体栽植

群体栽植起始于农业，林业上群体栽植方式可以说是从农业上移植过来的，但因林木植株比农作物高，故其小群体间距更大些。现举例如下：

林业上最早的群体栽植要数松类树种丛状栽植了。马尾松过去用一锄法造林，每孔栽植幼苗数株，尤其在薪材紧张的地区，多半采用这种丛状栽植法。

吉林省三岔子林业局 4 年来已蓬栽（丛植）造林樟子松 1 300 余公顷，经鉴定，一致认为这样的造林方法不仅适于荒山造林，也适于迹地更新。

浙江省新昌县回山区和小将林场的毛竹基地，就是一种群体栽植方法。按照老规格要求，每亩需栽植母竹 20 株以上，通常的做法是每亩挖穴 20 个，栽竹 20 株，一穴 1 株。平均株行距约 5.5m×6.0m，栽植穴（大块状）的整地面积 11m² 左右。但是他们却把每亩穴数减少到 3～10 个，增多了每穴栽植的株数，由原来的单株栽植改为蓬状栽植，每穴种竹 2～3 株，最多的一穴达到 7 株，并把大块状整地的面积增加到 22m² 以上，大大提高了整地质量。这样，造林的密度标准不变，而毛竹的发展速度却加快了。

浙江省新昌县林科所，在该县红旗乡东宅村徐惠北等户，用宽行密株和宽窄行的方式，营造杉木丰产林 0.0933 hm²，9 年生林平均每亩产蓄积量达 15.3480m³（其中保留木 7.6817m³，间伐木 7.6663m³）；平均每年每亩产蓄积量 1.7053m³，创杉木幼林高产纪录。

浙江省龙泉市推广杉木丛状造林技术，改变过去一穴 1 株式为一穴 2 株式，单位面积蓄积量增加 11.58%～40.27%。

据报道，日本九州地区 30 年生的柳杉，丛植（蓬栽）比单植的单株材蓄积多 57%，全林蓄积多 17%。

在前苏联哈尔科夫省益元姆林场研究了不同造林密度的 12 年生松树人工林。认为造林最适宜的配置方式为 2.5m×1.0m 和 2.5m×0.7m 两种方式，即宽行密株的栽植方式，其行距（小群体间距）约为株距的 2.5～3.6 倍。

四、群体栽植的好处

植物群体栽植，有如下几个优点。

1. 增强植物对自然环境的适应能力，提高光能利用效率，加快作物生长，并使一些原来不适宜成片造林的树种有获得成功的可能。

2. 群体栽植，在缩小植物株距和增大行（蓬）距后，较能增强植物抗性和抵御不利因素，提高林木整地抚育质量，节约劳动力。

3. 在林业上，有利于林地的植被保护和水土保持，促进生态平衡。

4. 便于经营管理、集约经营，有利于作物间作、套作和营造混交林，明显提高经济效益。

最重要的是，由于群体栽植改变了植物内部结构状态，包括植株地面分布和空间分布结构状态，提高了光能利用效率，较能适应于作物各个生长时期的需要，达到增产的目的。

五、群体栽植的机理

首先，群体栽植能发挥植物的群体优势。因为在每个小群体内部，植株株数较多，间距较小，近距离乃至零距离，可提早封行或者提前达到密郁闭状态。如此，有利于增加植物抗性和对不利环境的适应能力（据记载，古代水稻丛栽，是为了防止杂草危害），促进植株生长。

其次，发挥高位植物的边行优势。如对水稻、小麦、玉米和林木，采用丛植、带状等栽植方式，由于各个小群体之间的距离较大，常为株距的数倍，可以大大推迟作物封行或密郁闭的时间，充分发挥边行（缘）优势和高位植物自身的空间优势，使其受阳光照射的绿叶较多，单位面积上冠层表面积增大。

最后，发挥低（矮）位植物的叠加空间效益。因为低位植物，植株低矮株型较小，如草莓、萝卜、菠菜等，不仅没有边行优势，而且往往表现为边行劣势，因此，不宜采取高位作物的栽植方式，而只能采用立柱式或其他类似的栽植方式。即从立体层面调整植株群体结构分布状态，以立柱为单位，组成为一个个小群体；把单层地面栽培，提升为多层立体空间栽培，从而能使作物产量增加数倍。

六、结论

1. 植物群体栽植的新概念历史不长。与常规单株均匀栽植方式不同，这是一种调整植株地面或空间分布结构状态，以多株幼苗为小群体单元，扩大行距（小群体距）、缩小株距的栽植方法。植株高度越高，小群体的间距越大，但原有的栽植密度保持不变，有时还应该适当增加。

2. 对于大多数高位植物来说，适宜采用多种群体栽植方式。该栽植方

式主要是从地面空间水平方向，调整植株分布结构，以充分发挥植物的群体优势、边行优势和高位植物自身高度优势；对于少数低位植物来说，适宜用立柱式等栽植方式，主要是从立体空间方向，调整植株分布结构，以充分发挥多层空间的叠加效应。

3. 由于群体栽植一改传统的栽植方式，有利于发挥植物的群体优势、边行优势，扩大利用地上空间和多层上方空间，故能显著增加植物群体冠层表面积（包括作物封行或林木密郁闭前的有效绿叶面积），从而能够使作物增产，成为绿色植物栽培的共性关键技术之一。

参考文献

［1］杜宏彬主编．绿色探索［M］．北京：中国农业科学技术出版社，2011
［2］杜宏彬．试论树木的群体造林［J］．亚林科技，1984（3）：22～25
［3］朱洪柱主编．农村实用知识手册［M］．上海：上海科学技术出版社，1991，1
［4］佚名．中国水稻栽培史．吉林省教育信息网，2007－9－3
［5］周维清，罗德强等．杂交水稻三角强化栽培（SRI）的产量潜力分析［J］．贵州农业科学，2005，33（1）
［6］金坤鹏，田家良．宽幅精播亩增产7%以上．山东省桓台县信息中心，2007－7－29
［7］刘武仁等．玉米宽窄行种植产量与效益分析［J］．玉米科学，2003，11（3）：63～65
［8］刘增鑫，刘伟．立柱式蔬菜无土栽培［J］．蔬菜，1999（07）
［9］Bunce, J. A. The effect of leaf size on mutual shading and cultivar differences in soybean leaf photosynthetic capacity［J］. Photosynthesis Research，1990，23（1）：67～72

作者简介：徐国绍（1957～），男，浙江新昌人，林业工程师。现任新昌县林学会秘书长，新昌县林业技术推广中心副主任。主要从事林木种苗和林业技术推广工作。

本文原载中国期刊全文数据库全文收录期刊、中国核心期刊（遴选）数据库全文收录期刊、国家职称评定认定学术期刊《安徽农学通报》2011年第20期（22～23）。相关论文——《试论树木的群体造林》获绍兴市和新昌县自然科学优秀论文奖。

九年生杉木试验林持续高产

杜宏彬[1] 张道均[2] 徐 荣[2] 徐孝根[3] 梁国成[4]

（1. 新昌县科学技术协会；2. 新昌县林业局；3. 新昌县林产品经销中心；

4. 新昌县林技站，浙江 新昌 312500 ）

摘 要：采用群体造林方法，高密度栽植，在集约经营、多次间伐的条件下，杉木试验林持续高产。该片试验林 7 年生时平均每亩蓄积量 10.7029m³，9 年生时持续高产，平均每亩蓄积量达 15.3480m³（含间伐木蓄积），创杉木幼林高产纪录。

关键词：群体造林；宽行密林；阔狭行；抚育间伐；光合作用

1983 年我们在浙江省新昌县红旗乡东宅村徐惠北户种下 1.4 亩杉木试验林，至今已有 9 年，经测定总蓄积量达到 21.4872m³（含间伐材 10.7544m³，下同），平均每亩产蓄积 15.3480m³，平均每亩每年生长量为 1.7053m³，创杉木幼林的高产纪录（表1）。这片试验林在 5 年生时（1987年），业经鉴定会议的鉴定验收，当时的总蓄积量为 8.1585m³；7 年生时（1989 年），测定总蓄积量为 14.9841m³（表1）。该试验林面积虽然不大，但在处于杉木地理分布边缘地区的新昌县，能够持续得到高产，这在省内外实属少有，即使是杉木中心产区也是罕见的。

表 1 试验林树高、胸径、蓄积量增长概况　　　　面积 **1.4 亩**

林龄	保留木			间伐木蓄积（m³）	合计蓄积（m³）	平均每亩蓄积（m³）	平均每亩年蓄积（m³）
	平均高（m）	平均胸径（cm）	蓄积量（m³）				
5	5.36	5.89	5.3657	2.7928	8.1585	5.8275	1.1655
7	7.46	8.92	9.6376	5.3465	14.9841	10.7029	1.5289
8	8.30	10.13	13.1324	5.3465	18.4789	13.1992	1.6499
9	9.59	11.51	10.7328	10.7544	21.4872	15.3480	1.7053

注：9 年生杉木最大胸径15.4cm

这片林子于1983年2月25日栽植。试验地为玄武岩台地的红黏土，缓坡地。造林前实行全垦整地。栽植时，每株施复合肥15g，猪栏肥2.5kg。造林后连续套种2年，第1年套种花生、马铃薯。第2年种植萝卜。及时进行培育，同时结合追肥，每亩施人粪尿200kg，碳酸氢铵50kg。第3年停止套种。第4年完全郁闭，无法进行松土施肥。第5年幼林自然枯枝高度超过1/3。同年11月搞了首次间伐，挖除伐根。第6年和第8年每亩分别施猪栏肥1 500kg。第7年和第9年各施尿素30kg。

这片试验林何以能够持续高产呢？除了集约经营、精细培育外，主要着重抓了以下两条：群体造林增加密度和多次抚育间伐。

一、群体造林增加密度是试验林获得高产的前提条件

适宜的造林密度是林木产量的前提和基础。因为光合作用对作物产量的形成起着决定性作用。在植物生长过程中，90%～95%的干物质来自光合作用，只有5%～10%是从土壤中吸收来的养分构成的。所以林木要取得早期高产，必须在早期就具备有一定的绿叶面积，或一定的叶面积系数。而要做到这一点，没有一定的造林密度是不行的。

该试验林的初植密度为1 205株，平均每亩862株。如此高的密度，一般造林是不采用的，但也不是没有先例。如日本国和歌山县纪南地方，培育超短期采伐的柳杉人工林，即所谓"海布原木"的生产，采用初植密度标准为每公顷1.5万株。其目的是生产一次性采伐的小规格材。

在如此高密度的情况下，为了进一步提高光合作用效率，便于管理，我们在造林中采取了群体造林的栽植方式。具体是宽行密株和阔狭行（宽窄行）两种方式。其中宽行密株方式的株行距为1.33m×0.5m；阔狭行方式的株行距为（2m+0.67m）×0.5m，即宽行2m，狭行0.67m，株距0.5m。这两种栽植方式都是可行的，两者之间并无显著差异。

事实证明，以上造林密度和栽植方式是试验林取得早期丰产的必要条件。尤其是一定的密度，则构成了群体高产的基础。因为群体产量不仅仅取决于个体的产量，而且还要受到组成该群体之个体数量多少的限制。例如，据全国杉木种源试验协作组资料，广东省对最佳种源的造林试验，6年生杉木幼林平均高5.35m，胸径7.44cm，单株蓄积0.01264m³（造林密度167株/亩），折合每亩产蓄积2.1109m³。湖南省朱亭林区采取"三深"造林技术，5年生杉木丰产林，平均高6m，胸径7.9cm，每亩蓄积量4.22m³（其造林密度为240株/亩）。应当说，这两个典型的产量是相当高的。再分析

一下本试验徐惠北户的 5 年生杉木丰产林，除了平均株高不低于广东外，其平均胸径及单株蓄积（0.0077m³）都不如前者。可是由于本试验林单位面积株数较多，每亩产蓄积就超过 5m³ 的大关，从而为前述两例所不及。

二、多次抚育间伐是试验林持续高产的关键措施

密度小的林子，其成林的时间相对较迟。若按成林和郁闭的要求来说，造林密度以大一些为好。因为密度大，成林快，郁闭早。但若按照成材标准和森林的综合效益来说，并不是越密越好，而是要适可而止。在集约经营、高密度的条件下，要使幼林持续正常生长，关键是要适时、及时地进行多次间伐抚育。该试验林 5 年生时，自然整枝高度已达树干高度的 1/3，部分植株超过 1/3。加之此时已连续两年无法松土施肥，如果不下决心进行间伐，整个林子就有报废的危险。为此，于 1987 年 11 月份进行首次间伐。间伐强度按株数是 49.94%，按蓄积为 34.23%（表 2）。平均每亩间伐蓄积量1.9949m³，可作为椽材之用。

这片林子首次间伐后的第 2 年，即 1989 年下半年，又重新郁闭了，自然枯枝高度达 1/2，因此需要进行第 2 次间伐（时间在 1990 年 2 月 22 日）。间伐后结合挖除伐根和施肥，从而保证了林子继续正常生长。到第 9 年（1991 年）幼林再次郁闭，自然整枝程度继续增高，而蓄积的年生长量略有减慢之势（1990 年蓄积增长量 3.4498m³，1991 年为 3.0083m³），于是决定实施第 3 次间伐。此次间伐后平均每亩保留林木 127 株，保留蓄积10.7328m³。3 次间伐抚育共计间伐蓄积量 10.7544m³，基本上与保留木蓄积相当，平均每亩间伐量为 7.6817m³，取得了显著的经济效益（表 2）。

表 2　9 年生杉木试验林历次间伐情况　　　　　　　　　　（1.4 亩）

间伐顺次	林龄	按株间伐强度（%）	按蓄积间伐强度（%）	每亩保留木株数	间伐木蓄积（m³）	平均每亩间伐蓄积（m³）
第 1 次	5	49.94	34.23	344	2.7928	1.9949
第 2 次	7	33.40	20.95	230	2.5537	1.8241
第 3 次	9	42.90	33.50	127	5.4079	3.8627

注：合计间伐林蓄积 10.7544m³，平均每亩产 7.6817m³

三、讨论

我们觉得，有 3 个问题值得商讨。

1. 群体栽植（造林）是试验林获得高产的重要条件之一。树木的群体

栽植有许多优点，其中最重要的一条是能发挥树木的群体优势和边行优势，改善林分光照条件，提高光能利用效率，并可以增加栽植密度，因而能促进林木生长，提高产量。

2. 在高密度条件下，务必采取集约经营、精心管理。尤其要适时、及时多次间伐抚育，这是改善林分光照条件，增加群体冠层表面积和有效绿叶面积，保持林木持续快速生长的关键所在。

3. 在间伐问题上，尚有值得改进的地方。应该说，9 年生杉木林进行 3 次间伐抚育，已经足够多了，但是，各次间伐时间似乎都迟了些。例如，第 1 次间伐，幼树的自然整枝高度已达树干高度的 1/3；第 2 次间伐时，自然枯枝程度甚至达到树干高度的 1/2：这是不甚恰当的。准确的间伐时间，应该在林木接近密郁闭、尚未出现下层枯枝或只有少量枯枝之时。超过了这一时间，受光照射的绿叶面积就会急速减少，光合效率大大降低。因此，我们觉得，这片林子的间伐抚育次数应该适当增加，第 1 次间伐时间似在 4 年生时更为合适。只要适时及时进行抚育间伐，使林木在阳光照射下树冠（冠层）采光面积始终保持或接近最大值，就一定能够培育出中等规格的木材来。

参考文献

［1］沈永钢．地球上最重要的化学反应：光合作用［M］．广州：暨南大学出版社，2000

［2］中国树木志编委会．中国主要树种造林技术［M］．北京：中国林业出版社，1983，10

［3］杜宏彬译文，沈熙环校．培育超短期采伐的人工林［J］．辽宁林业科技，1988（6）

［4］杜宏彬．试论树木的群体造林［J］．亚林科技，1984（3）：22～25

［5］Parker G. G. & Russ M. E. The canopy surface and stand development：assessing forest canopy structure and complexity with near – surface altimetry［J］．Forest Ecology and Management，2004，189（1～3）：307～3

注：

①本文系浙江省林学会 1992 年学术会议论文，由徐荣工程师参加；

②该文编入本书时，作了少量修改，增加了"讨论"部分；

③该试验林 10 年生时，平均每亩产蓄积 17.1376m³；11 年生时平均每亩产蓄积 19.3376m³；

④"杉木群体造林丰产试验"项目，于 1989 年获浙江省林业厅科技进步三等奖；"杉木群体造林丰产试验研究"论文，获绍兴市自然科学优秀论文奖。

论森林修剪

潘克昌[1]　吴少华[2]　杜宏彬[3]　吕世新[4]　黄晓才[5]　张国兴[6]

（1. 新昌县沙溪镇林业工作站，浙江　新昌 312500；2. 新昌县小将林场，
浙江　新昌　312500；3. 新昌县苦丁茶研究所，浙江　新昌　312500；
4. 新昌县林业技术推广站，浙江　新昌　312500；5. 新昌县镜岭镇人民政府，
浙江　新昌　312500；6. 新昌县大市聚镇人工政府，浙江　新昌　312500）

摘　要：以乔木为主的城市森林、生态公益林及用材林，历来都只修枝，不搞修剪。本文所指的森林修剪，主要是对乔木树种实行纵向剪枝的新方法，即从树冠外围对林木侧枝进行上下修剪。旨在塑造窄冠型树冠，改善林分光照条件，提高树冠采光面积和树冠采光面积系数。森林修剪的重点是在森林首次郁闭之后的整个生长期间，要经过多次反复修剪。森林修剪的实施过程，实质上就是森林不断郁闭和不断打破郁闭的过程。这是一种顺应森林生长规律，显著增加森林生物产量及其生态效益的营林技术措施。

关键词：光合作用；纵向修剪；森林郁闭；窄冠型树冠；长冠型树冠；侧枝功能；功能性枝段

一、森林修剪及其对象

修剪，是树木和果树栽培管理工作之一。泛义的修剪，包括修枝、短截、疏枝、抹芽、除萌、摘心、环剥、剪梢等技术措施。通过修剪，将植物整成一定形状，以调整生长与结果、局部与整体、衰老与复壮的关系，达到提高产量的目的。

本文所指的修剪，是狭义上的修剪。主要是对树木侧枝（枝条）修剪，即剪去枝条的一部分。修剪围绕着促进和控制侧枝的生长而进行。历史上，采用修剪技术最早起始于农作物，后来应用到花木和经济林，即由农业逐步推向林业，从花卉发展到经济林木。但是用材林历来都不搞修剪，只搞修

（整）枝；以乔木树种为主的城市森林，也多比照用材林做法，不搞修剪。

二、从树木侧枝之功能出发

既然修剪对象是树木侧枝，故在修剪之前，就有必要讨论一下树木侧枝的功能。

作为光合作用载体的叶子，生长于枝条之上，因此可以说，树木侧枝是光合作用的平台。然而，如果略加分析，人们就可以知道，树木侧枝各部分（不同枝段）的情况和作用是不完全一样的。

成年树木尤其是乔木树种的树冠，不论冠幅之大小，其叶片大多集中生长于树冠外围 1～2 年生侧枝的前段，特别是 1 年生枝的先端，即着生在树冠表面的枝梢部位。它行使着光合作用的功能，是干物质制造的源泉。而树木侧枝的下端，通常没有绿叶，不具备或基本不具备光合作用的功能。

有鉴于此，不妨把着生叶子的侧枝前段称为功能性枝段或有效枝段，而把不着生叶片的枝条下段称为非功能性枝段或无效枝段（图 1）。

功能性枝段（有效枝段）绝对长度的值，比较小而且稳定，通常只占成年树木侧枝的少部分，并且基本稳定在 30～100cm。但是其相对长度的值，即其占据整个侧枝长度的比例变化却较大：在树木的幼年阶段，这一比例近乎 100%。随着植株生长，比例逐年减少，直至降为 10% 以下。相反，在树木一生中的大部分时间里，非功能性枝段（无效枝段）绝对长度和相对长度的值，均比较大而且不稳定。其中相对长度的值，即其占据整个枝条长度的比例，逐年上升、由小变大，从树木幼年时近 0，直到成熟期升至 90% 以上。

功能性枝段，是植株有机物的制造部分；非功能性枝段，是植株有机物的消耗部分。当然，非功能性枝段（无效枝段）并非一点功能和作用也没有。它位于树木主干和功能性枝段（有效枝段）之间，起着连接作用：向上可输送水分养料，向下能输送有机养分。显然，非功能性枝段对于树木主干生长是不可或缺的。但是，随着树木生长，侧枝愈长、愈发达，非功能性枝段比例也就愈大，其所消耗的养料水分也愈多，弊端显见。故对以乔木树种为主的城市森林和用材林木侧枝长度，必须加以适当限制，并把控制重点放在缩短非功能性枝段上面。唯有如此，才能促进和加强功能性枝段，进一步发挥森林的空间效益，提高乔木树种主干的生物产量。

三、为促进和控制侧枝而修剪

1. 修剪的作用

对用材林树木实施侧枝修剪技术，实际上就是对树木侧枝的一种促进和控制，即通过对侧枝的促控，达到有利于树木主干生长的目的（图1）。

图1　树木枝条功能示意图
注：1. 功能性枝段；2. 非功能性枝段

树木的侧枝和主干，二者既相互促进，又相互制约。因此，修剪的基本任务是：一方面要促进枝条生长，以确保主干生长需求；另一方面又要控制枝条生长，以免侧枝超过主干，乃至本末倒置。故用材林木的修剪，应当把控制和促进摆在同等重要的位置。

所谓促进，可以比喻是"开源"，就是要让侧枝健康正常生长。为此，除了不搞重度修枝外，重点是要清除病虫纤弱枝和过密重叠枝，力求林木有一个较大的绿叶层体积，最大的树冠采光面积和树冠采光面积系数。

所谓控制，可以比喻成"节流"，就是要控制强势枝条生长，特别是过粗过长的"霸王枝"，以及老龄侧枝，以免无效枝段和老龄枝条无谓地消耗大量的有机养分和无机养料，影响林木正常生长。

2. 正常侧枝修剪

这种侧枝，是指一般性的正常枝条。其长势既不很突出，也不显得纤弱。它占据着枝条的大多数，是修剪的主要对象，也是本修剪方法的特点之一。通过该修剪，旨在实现控制和促进侧枝生长的双重目的。首先，是为了控制侧枝生长。因为只有通过修剪措施，才能限制和缩短侧枝长度，保持树冠间隙。使树冠幅度变小，并在可能形成为窄冠型树冠。其次，是为了促进侧枝生长。因为只有通过修剪措施，控制了侧枝长度之后，才能从根本上改善林木光照条件，打破林分郁闭状态，避免和延缓树冠中下部枝条衰老枯死；才能激活侧枝活力，在修剪口上萌发或长出新枝条来。以上是指大多数正常侧枝的修剪。至于对部分长势过弱和过强等侧枝的修剪，则属于疏枝和侧枝更新范畴，在此不作讨论。

四、修剪就是塑造窄冠型树冠

1. 窄冠型树冠特征

窄冠型树冠和宽冠型树冠，并非一种特定的树冠形状。而是树冠冠幅宽狭之比较，树冠幅度与树冠长度比例之大小；也是树冠冠幅类型之归属，是一个相对概念。如按树种来说，杉木（*C. lanceolata*）、水杉（*M. gtyptostroboides*）、柏木（*C. funebris*）和一些杨树（*Populus L.*）品种是窄冠型树冠，香樟（*C. camphora*）、泡桐（*Paulounia*）和枫香（*L. formosana*）等，是宽冠型树冠。窄冠型树冠之所以呈窄冠，是因为与宽冠型树冠相比较，其枝条（侧枝）长度较短，枝条直径较小；宽冠型树冠之所以成为宽冠，是因为与窄冠型树冠相比较，其枝条长度较长，枝条直径较大。前者树冠比较紧凑，在同一密度条件下，林木之间透光性好。树冠有效绿叶层占据整个树冠体积的比例大，树冠无效空间比例较小；后者树冠比较松散，在同一密度条件下，林木之间透光性较差。由于枝条的大部分是非功能性（无效）枝段，不着生叶子，故有效绿叶层所占据树冠体积的比例较小，树冠无效空间的比例较大。

窄冠型树木的单位面积产量往往比宽冠型树木高。在用材林选优中，之所以常常要求选取窄冠型单株，或者枝桠细小、树冠细长的单株，就是因为这种林木所占据土地面积较小，树冠采光面积系数较高，栽植密度可以加大，十分有利于提高单位面积产量。而宽冠型林木，尤其那些"霸王树"，单株产量虽较高，但由于冠幅大，所占据土地面积多，树冠采光面积系数较小，每公顷可栽植（或保留）的株数也较少，故单位面积产量相对较低。宽冠型林木一般在城市森林中有所采用。而人们所需要和追求的是单位面积上的收获量。

2. 塑造窄冠型树冠的方法

人工塑造窄冠型树冠，就是通过侧枝纵向修剪方式，达到减少侧枝长度、缩小树冠冠幅、抵抗严重自然灾害的目的。首先，修剪大大缩短了侧枝长度；其次，修剪有效地控制了侧枝的（径）粗度。因为树木枝条长度和粗度（径粗）相互关系成正相关，缩短了侧枝的长度，势必减少侧枝的径粗。对于树木正常侧枝的修剪，既是对侧枝的一种促进，也是对侧枝的一种控制，是促进和控制同时兼有的森林抚育措施。

以上情况说明，乔木树种和用材林木，欲向空间索取效益，除必须改变旧有的截干习惯和修枝方式外，还应当反复强调务必多多修剪。这里所指的修剪，是一种在树冠外围上下进行的纵向修剪新方式，它对绝大多数树种都适用。修剪的重点是林木郁闭后，即幼龄后期和中龄林期。在这一时期，当森林进入郁闭和接近郁闭，或株间林木树冠相互接触、侧枝开始交错时（零星树木主枝上不长叶子的非功能性枝段长度超过功能性枝时），就可以进行修剪。并使上部侧枝长度能够略小于（或等于）下部侧枝，保持一定的树冠间隙。此举可极大地改善林内光照条件。绝不能等到林木完全郁闭后，下部枝条已开始枯死、连年生长量下降之时，才去搞修剪或间伐。林木在接近郁闭前的一段时间内，是快速生长期，其树冠采光面积和叶面积系数均达到或接近最大值。故在接近郁闭时进行修剪，实是最佳时机。林木一旦到了郁闭之后，树冠采光面积迅速减少，生长量就开始下降。应力求避免出现这种情况。为此，经第一次修剪后，过若干年（一般为 3～4 年），待森林重新郁闭或即将郁闭时，务必再进行第二次修剪。以后各次修剪方法相同，依此类推，直至中龄后期。如此修剪、郁闭、再修剪、再郁闭，循环往复，就可以不断促进用材林木和城市森林快速健康生长。

　　林木首次郁闭后的第一次修剪，要结合首次抚育间伐工作，顺序上先间伐后修剪。修剪也要结合疏枝，顺序是先疏枝后修剪，先上后下，先大枝后小枝。

　　修剪时，要根据修剪强度和实际需要，可先在树冠中部某个侧枝上确定一个"修剪点"。接着以此点为准，沿树冠上下拉一条与地面成80°～85°交角的"修剪斜线"。然后以该"修剪斜线"为参照依据，实施修剪作业。

3. 纵向修剪（剪枝）效果机理

　　纵向修剪（剪枝）着重从立体空间上改善林木的株型结构，适应林木对光照的需求。纵向修剪不仅能使宽冠型树种或树木变成窄冠型树冠，而且能使一些窄冠型树种或树木的树冠变得更窄些，更易于塑造窄冠和长冠兼有的理想型树冠。纵向修剪的效果机理有五：

　　（1）此种修剪方法，从缩短树木侧枝长度着手，改善树冠组成结构，塑造窄冠紧凑型树冠，保持树冠间隙。如此可大大改善林分光照环境，为林木光合作用提供较充足的阳光条件。同时，缩短了侧枝长度，也就有效地控制了侧枝的粗度。这不仅能促进主干生长，也有利于培育少节良材。如果仅仅依赖于修枝和间伐，就不能达到同样的效果，不能从根本上改变林内光照环境。久而久之，叶面积系数就会下降，最后甚至可能低至1

左右。

（2）窄冠型树冠的树冠采光面积系数比宽冠型树冠的采光面积系数大。如设圆锥体形树冠长度10m的树木，当树冠幅度5m时，其树冠采光面积系数为4.00；树冠幅度3m时，则树冠采光面积系数是6.67。足见窄冠型树冠的光合作用利用效率较高（表1）。

（3）窄冠型树冠的树冠绿叶层体积所占据空间比例要比宽冠型的大。如设树干高度12m的树木，圆锥体形树冠，树冠长度8m，树冠绿叶层厚度0.5m。当树冠幅度8m时，其树冠绿叶层占有空间比例9.37%；当树冠幅度4m时，则树冠绿叶层占有空间比例升至17.50%。这也是窄冠型树冠林木光合作用效率较高的又一标志（表2）。

（4）树木的侧枝和主干关系，本来是对立统一关系，既相互统一，又相互矛盾。我们知道，在侧枝上长有叶片，行使着光合作用功能，对主干生长有利，是不可缺少的。但当侧枝长到一定时候，过于发达，尤其不长叶片的部分（非功能性枝段）比例太大，也会消耗大量养分和水分，对主干生长会起到抑制作用。而纵向修剪，就能达到适时适度控制侧枝（尤其是控制非功能性枝段），促进主干生长的目的。

（5）绝大多数树种，尤其是萌芽力较强的树种，侧枝经修剪后，可由剪口下方新萌条或次级侧枝代替老枝条生长。这种新枝条，无论从生长阶段还是发育阶段上，都比原来的枝条年轻。加上林内光照状况改善，其长势会更加旺盛，极有利于提高叶面系数和光合产物的形成。

以上各条道理浅显而简单。总而言之，用材林和城市森林为了向空间要效益，抵抗严重自然灾害，就应当从各方面发挥乔木树种的高度优势。其中非常重要的一条是：在少修枝（轻度修枝）、忌截干的同时，务必多多修剪。

表1　树冠采光面积系数与树冠幅度

树冠幅度（m）	2	2.5	3.0	3.5	4.0	4.5	5.0	6.0	8.0	10.0
树冠采光面积（m²）	31.42	39.27	47.12	54.98	62.83	70.69	78.54	94.25	125.66	157.0
树冠采光面积系数	10.00	8.00	6.67	5.71	5.00	4.45	4.00	3.33	2.50	2.00

注：设定树冠长度10m，树冠形状圆锥体形

五、修剪强度

1. 修剪强度等级

树木侧枝修剪，按其剪去枝条的长度与该枝条长度之比例的大小，分为轻度修剪、中度修剪和重度修剪三个不同等级。

其中：一级，轻度修剪　剪去枝条长度与该枝条长度之比 < 1/3

二级，中度修剪　剪去枝条长度与该枝条长度之比 = 1/3 ~2/3

三级，重度修剪　剪去枝条长度与该枝条长度之比 ≥ 2/3

窄冠型树冠，是指树冠幅度达到一级及其以上的树冠，即为树冠幅度和树冠长度之比 <1/4 的树冠，这也是一个相对的概念。所以，塑造窄冠型树冠，并不是使树冠冠幅的绝对值愈小愈好，而要适可而止。为此，修剪的强度也不是愈大愈好。应当根据不同林龄期要求和树种特性，确定需要达到的树冠幅度等级标准和具体的修剪强度。

对幼中龄林，一般实施轻度至中度修剪，具体分郁闭前和郁闭后修剪，如下述 2、3 两条。重度修剪只有在特殊情况下使用（如幼中龄林生理老化时）。例如，发明专利公开号 CN101049073A《果树重度修剪方法》，讲述了特殊情况下的一种修剪方法。该发明方法是鉴于 8 ~20 龄的青壮年果园，由于管理不当、密度偏大、透光环境恶化等原因，导致果树未老先衰（生理老化）、产量低下的情况，对果树（柑橘和胡柚）植株进行重度修剪。截去

表 2　树冠绿叶层和树冠幅度关系表

树冠幅度 （m）	树木占有空间 （m³）	树冠空间 （m³）	树冠无效空间 （m³）	树冠绿叶层	
				（m³）	（%）
2	20.95	8.38	2.09	6.29	30.02
3	47.12	18.85	8.38	10.47	22.22
4	83.78	33.51	18.85	14.66	17.50
5	130.90	52.36	33.51	18.85	14.40
6	188.50	75.40	52.36	23.04	12.22
7	256.57	102.63	75.40	27.23	10.61
8	335.10	134.04	102.63	31.41	9.37
9	424.13	169.65	134.04	35.61	8.40
10	523.60	209.44	169.65	39.79	7.60
11	633.55	253.42	209.44	43.98	6.94
12	753.98	301.59	253.42	48.17	6.39

主干上部和大部分枝条，只留下主枝 3 ~ 5 个（并剪除中上部枝叶），使果树植株处于全光照环境下。加强培育管理，形成新的树冠骨架。从而果园迅即显现生机，长势旺盛。经重度修剪后，第 2 年开始少量结果。第 3 年产量达到修剪前 1 年原产量。第 4 ~ 5 年，恢复到修剪前果园的最高产量。第 5 年后比修剪前最高产量增加 20% ~ 30%，果实品质显著提高。

2. 林木郁闭前修剪

林木郁闭前，可对树冠中下部侧枝进行轻度修剪。剪去各主侧枝的长度，平均小于各枝条长度的 1/3。并使树冠下部侧枝长度能够超过（大于）上方侧枝长度，而不被上方侧枝所覆盖遮蔽。修剪成为圆锥体形等树冠达到或超过二级中幅型树冠标准。

3. 林木郁闭后修剪

林木接近郁闭或刚郁闭后（郁闭度近 0.8）、直至整个中龄林期（Ⅰ 龄级至Ⅳ龄级），除树木顶梢 1 ~ 2 年生部位侧枝外，对其余侧枝进行中度修剪。（其中圆锥体形树冠，只对树冠中下部侧枝进行修剪。）修剪后，由剪口萌条或剪口下方侧枝替代原有枝条的生长。中龄林期，首次修剪时间在林木刚郁闭或接近郁闭时，剪去各侧枝前端的长度平均占整个枝条长度的 1/3 ~ 2/3，保留侧枝长度平均 30 ~ 50cm，最多可达 100cm。同时使树冠上部侧枝长度能够小于（或等于）下部侧枝。杉木宜对树冠中下部侧枝实施轻度修剪。

中龄林期各次修剪后，使树冠成为近圆柱体形（上部树冠略小，下部树冠略大）。其中，Ⅱ、Ⅲ龄级林木要符合一级窄冠型冠幅要求，Ⅳ龄级林木达到二级中幅型树冠幅及其以上标准。群体造林林木修剪，与上述林木修剪方法基本相同。唯群体造林林木修剪后所留取的侧枝长度，在小群体的内外有别：在小群体内部（包括行内，带内和蓬内）宜较短些，小群体之间（包括行间、带间和蓬间）可以长些。

萌芽性能差的松属树木等，宜对青壮年侧枝（枝龄 3 ~ 5 年）实施轻度修剪。

零星树木修剪。当非功能性枝段超过该枝条长度的一半时，即非能性枝段长度大于功能性枝段长度时，实施中度修剪。对零星树木修剪的冠幅要求可略放宽些，但至少应该达到二级中幅型的树冠冠型标准。

六、修剪间隔期与修剪季节

1. 修剪间隔期

用材林木和乔木树种修剪，不能一次定终身。林木在一生中，需要经过多次反复修剪。林木初次郁闭后的每次修剪，都是为了打破林分的郁闭状态。林木的多次修剪过程，也就是不断打破郁闭和不断重新郁闭的过程。用材林木修剪，一般从Ⅰ龄级后期，林分郁闭并经首次间伐后开始，直至Ⅳ龄级。在此期间，每隔 3~4 年修剪一次。

2. 修剪季节

在秋冬季节或春季树液流动之前，常绿阔叶树种也可延迟至春季树木萌芽时。

七、修剪和修枝的关系

用材林木的理想树冠，即窄冠型和长冠型兼备的树冠，一般不会自发形成，要通过人工塑造才能达到。其中长冠型树冠，必须通过少修枝（轻度修枝）、忌截干来实现，窄冠型树冠必须通过纵向修剪来实现。倘若过度修枝，势必形成为短冠型树冠；若是截干，势必形成为矮干型树冠；倘若不加修剪，势必形成为宽冠型树冠。如果说，长冠型树冠是林木增产的前提，那么窄冠型树冠就是长冠型树冠的基础。因为林木郁闭后，只有通过修剪，才能保持树冠间隙，激活侧枝活力，才能改善林分光照环境，并由此为长冠型树冠创造必要条件。否则，光照条件恶化，树冠中下部侧枝枯死，长冠型树冠的形成也就失去了基础。

八、结语

光合作用是地球上最重要的化学反应，是构成树木和植物生物产量的决定因素。基于上述原因，本森林修剪方法，紧紧围绕改善乔木树种和用材林木的光照条件，提高光能利用效率的这一主题，提出塑造窄冠型和长冠型兼备、较理想型的树冠冠型，为此而实施多修剪和少（轻度）修枝、忌截干的技术措施。这是一项重要的森林抚育举措，也是广义森林修剪中的中心环节。

实践证明，用材林和生态公益林，实施以上技术后，无论从树木叶面积到树冠采光面积，从树木叶面积系数到树冠采光面积系数；还是树木功能性枝段的长度或者是树冠有效绿叶层的比例，所有这些光能利用效率的各项重

要标志，都毫不例外地有明显的增加。从而为乔木树种和用材林木的持续生长及其生物产量的提高，创造和奠定了坚实的基础。

森林修剪，归根结底是为了塑造合适的树木株型，即合适的树冠冠型，以使树木各个生长时期的单位面积树冠采光面积系数（冠层表面积系数）达到或接近最大值，促进森林的快速生长及其产量。

本文所述的修剪，属狭义修剪，即剪去枝条的一部分，而且是对大多数正常生长侧枝的修剪。这也说明，修剪往往通过枝条而进行。其实质是调整叶子之间（包括株内和株间）的关系，目的是为了增强叶子的光能利用效率，限制和减少叶子间相互蔽荫的弊端。该修剪方法，适宜于绝大多数阔叶树种和大部分针叶树种，适用于用材林、城市森林和一部分生态公益林及部分经济林。

参考文献

［1］杜宏彬，吕世新等．树冠论［J］．世界农业学术版，2008（5）：48～50

［2］胜田正．新時代を迎えた林木育種——現状と今後の展開［J］．日本の林業技術 1986（5）：2～6

［3］吕世新，张晖等．保持乔木树种高度优势［J］．世界农业学术版，2008（8）：151

［4］杜宏彬，朱勇，吴升仕．栽培植物株型的选择与塑造［J］．安徽农学通报，2011（22）：97～98

［5］沈永钢．地球上最重要的化学反应：光合作用［M］．广州：暨南大学出版社，2000

作者简介：潘克昌（1963～），男，浙江新昌人。林业工程师，出版专著1本（为主之一）。目前主要从事森林资源管理和林业技术推广工作。

原载全国中文核心期刊《世界农业》学术版2008年第9期（74～76），本文略有修改。

保持乔木树种高度优势

——兼谈乔木修剪新旧方法

吕世新[1]　张　辉[2]　杜宏彬[3]　石志炳[1]　王柏秋[4]　潘克昌[5]

（1. 新昌县林业技术推广站，浙江　新昌　312500；2. 新昌县回山镇林业工作站，
浙江　新昌　312500；3. 新昌县苦丁茶研究所，浙江　新昌　312500；
4. 新昌县儒岙镇林业工作站，浙江　新昌　312500；
5. 新昌县沙溪镇林业工作站，浙江　新昌　312500）

摘　要：乔木树种特具高度优势，不同的高度和树冠形状与其生物产量高低密切相关。尤其是培育目的不同，更显得人工修枝修剪的重要性。为提高城市森林的绿量及用材林的单位面积产量，特提出人工修枝修剪理论，供从事城市园林及林业科技人员参考。

关键词：乔木树种；高度优势；修枝修剪；新旧修枝方法；对比

一、乔木树种的空间效益

绿色植物地面水平方向发展潜力非常有限，因为它要受到土地面积和植株间距的极大限制，但其空间立体垂直方向发展的潜力却要大得多。这是因为植物空间上方发展潜力，在某种程度上可以说是不受限制的。植株愈高，增产潜力愈大。其中乔木树种叶片交错生长，并且形成不同层次分布，树干高耸，独具天然高度优势。只要有一个理想合理的树冠，其树冠采光面积系数可高达 8 以上。速生用材林中的高产林分，由于连年累计生长的结果，每公顷产出的生物总量往往很高，多者可达数百吨乃至近千吨之巨；年均生物量也有数十吨之多，最高的达上百吨。这远非农作物或草木植物所能比拟的。这种向空间要效益的现象，为绿色植物所共有，其中乔木树种是绿色植物中高度最高的，其空间效益也是最突出的。由此可见，为了更好地发挥空间效益，城市绿化务必以森林为主体，城市森林务必以乔木树种为主体。

二、乔木树种的树木高度和树冠长度

乔木树种主干的高低和树冠长度的多少，二者之间关系密切。在乔木树种栽培中，采用人工修枝新方法，就是提倡少修枝、忌截干的技术措施，其目的在于通过增加树木高度和树冠的长度，发挥乔木树种高度优势及其空间效益。

1. 二者含义

树木高度指树木植株基部（根颈）至顶梢（最高处）的垂直距离，也是乔木树种的主干高度。乔木树种尤其是用材林，是绿色植物中的佼佼者，树干高大，为其他植物所不及。

树冠长度，就乔木树种来说，是指枝下高最下第一级侧枝到树木顶部的距离，也是树木主干高度减去枝下高后的长度。

2. 二者关系

树冠长度要受到树木高度的制约，但树木的高度是否真正能发挥作用，最终还是要落实到树冠长度上来。只有树木高度，而无相应的、或很少（短）的树冠长度，就毫无意义。在无人为破坏的情况下，通常树木高度愈高，树冠长度也愈长；反之亦然。与此同时，树冠长度同样要受制于树木的修枝强度。修枝强度愈大，枝下高就愈高，树冠长度也愈短；反之亦然。因此，用材林欲要增产及城市园林要增加绿量，必然要求同时具备高树干和长树冠两个条件，不能顾此失彼。而少修枝忌截干，正是满足该两个条件的唯一选择。

3. 树冠相对长度与绝对长度

根据树冠长度与树干高度之比例大小，所划分的树冠长度等级，是一个相对指标即相对的树冠长度。树冠相对长度用分数表示，如 1/3、1/2、2/3 等。按照这一指标，当树冠长度与树干高度之比 ≥2/3 时，为一级长冠型树冠；小于这一比例的分别为二级中长型或三级短冠型树冠。长冠型树冠的采光面积和采光面积系数是以上三个树冠长度等级中最高的（表1）。但树冠长度等级这一相对指标，有时也不是愈大愈好。比如当相对长度达到 3/3（100%）时，并不见得最好。因为除了个别树种（如毛竹）不宜修枝之外，对于绝大多数乔木树种来说，轻度修枝还是必要的。完全不修枝对树木生长和培育管理也不利。理想的长冠型树冠，是树冠相对长度与绝对长度的有机统一。它不仅要求相对长度较大，而且绝对长度也要较大。

例如，设定将某乔木树种林分所有植株的树干高度，划分为高树干、中树干和低树干 3 个档次，那么，按每个档次的树冠长度分为 3 个等级，共计就可能有如下 9 个树冠长度档次（等级）：即高树干的长冠型树冠、高树干的中长型树冠和高树干的短冠型树冠；中树干的长冠型树冠、中树干的中长型树冠和中树干的短冠型树冠；低树干的长冠型树冠、低树干的中长型树冠和低树干的短冠型树冠。毫无疑义，在各个树干高度档次的 3 个等级中，均以本档次长冠型树冠的绝对长度为较高。但是在所有 9 个档次（等级）中，却以高树干档次的长冠型树冠绝对长度最高。由此可见，只有高树干的长冠型树冠，才是最为理想的长冠型树冠。

表 1　树冠长度等级

树冠长度等级	树冠长度与树干高度之比
一级，长冠型	≥2/3
二级，中长型	1/3 ~ 2/3
三级，短冠型	≤1/3

三、传统修枝截干方法及其弊端

1. 传统修枝方法

人工修枝即人工整枝，属森林抚育措施之一，是人为地修去树冠下部的枝条。修枝，分为绿修和干修。其中绿修即修去活着的枝条，干修即修去枯死枝条。修枝，历史上早就有之。但习惯上的修枝强度很大，修枝后大大增加了枝下高，所留下的树冠高度，往往不到树干高度的 1/3。人们往往以为这样做可促进树木生长，又能培育无节或少节良材。其实这是一种误解，对树木生长极为不利。

2. 习惯截干方法

截干，是人为地截（钩、砍）去树木的主干上部，多用于部分生态公益林和风景林，尤其是路边和街道的植树。而且在一些地方应用范围较广，以为这样可增加树冠幅度，提高树木的生态效益。该方法虽然只用于少数林种，但截干后大大降低了树干高度，严重影响到树木空间效益的发挥。

3. 传统修枝截干方法弊端

（1）降低树木高度　乔木树种是多年生木本植物。具有高大而明显的主干，并多次分枝，组成庞大树冠。在乔木中，以用材林树种最为突出，其主干是乔木树种中最高的，也是绿色植物中植株最高的。高大的主干和庞大的树冠，可以更好地发挥空间效益。这是乔木树种的一大优势。在森林中，那些最高大突出的单株，其产量往往也最高，这是不言而喻的。然而传统的截干方法，却把主干的顶梢人为地截除了，有的甚至在幼林期就实施截干。这就大大地降低和限制了树木的高度。从而变乔木树种的固有优势为劣势，严重影响到生物产量和生态效益。

（2）减少树冠长度　树冠长度也是用材林木生产潜力的重要标志之一。树冠长度首先取决于树干高度，在无人为干扰的情况下，树干较高的单株，树冠长度也可能较长。树干低的树木，其树冠长度也相对较短。截干则大降低了树木高度，同时也降低了树冠长度。而修枝，则从另一方面降低了树冠长度，其中包括树冠的绝对长度与相对长度。尤其是重度修枝，影响更大。如一株乔木，树干高度12m，若修枝高度3m，则树冠绝对长度为9m；树冠相对长度为3/4，属一级长冠型树冠。若修枝高度9m，则树冠绝对长度为3m；树冠相对长度为1/4，属三级短冠型树冠。

（3）严重影响乔木树种的空间效益　乔木的截干和重度修枝同时降低了树干高度和树冠长度，从而也大幅度地减少了树木叶面积和树冠采光面积。因为构成树冠的叶片多少和树冠外表采光面积的大小，决定着光合作用效率的高低；只有长冠型树冠，才能有更多叶片和树冠的外表面积，满足光合成高效率的要求。比如，一株树木，圆柱体形树冠，其占地面积5.31m²（直径2.6m），树干高度10m。若修枝高度为2m，则树冠长度8m，树冠外表面积（可受光面积）约65.34m²。若修枝高度为7m，则树冠长度为3m，树冠表面积20.50m²左右。前者比后者要多出40.84m²，两者相差近二倍。鉴于此，在城市森林培育中，就应该而且必须同时坚持两条原则：首先，要确保树冠的绝对长度，切忌截干，避免把树干压得很低。这是树木赖以正常生长的基础。因为截干，减少了树干高度，大大降低叶面积系数，变乔木树种的高度优势为恶劣，非常不利其发挥空间效益。其次，要增加树冠的相对长度，少修枝，培养长冠型树冠。也就是说，树冠长度占到树干高度的比例要大。这是树木赖以最大限度发挥其生长潜能的必要条件。

四、新的修枝方法和少修枝忌截干的好处

新的修枝方法和少修枝忌截干宗旨，是发挥乔木树种尤其是用材林树种的树干高度和树冠长度优势，充分发挥其空间效益。

1. 新方法的特点

新修枝方法的特点，首先就是改变习惯的重度修枝，只进行轻度修枝。用材林修枝后所留下树冠长度，在Ⅰ、Ⅱ龄级要符合一级长冠型树冠冠标

准，即树冠长度至少不低于树干高度的2/3，力争达到是4/5；枝下高度不超过1.5～2.0m。在Ⅲ龄级要符合二级中幅型树冠标准，即树冠长度与树干高度之比为1/2～2/3；枝下高度不超过3m。在Ⅳ龄级，树冠长度与树干高度之比达到1/3～1/2，枝下高度不超过5m。修枝时，切口要平滑，不开裂、不抽心。保留枝桩长度约为枝条基部直径的1/4～1/3。

其次，因树制宜，绿修和半干修相结合。在修枝时，因不同树种和不同林龄而有别。新的修枝方法中，可考虑加上"半干修"。因为有一些树种如杉木，不宜于绿修。杉木树经修活枝后，往往出现"平顶"现象。即杉木顶梢形状由尖变平，树冠形状由宝塔形变成为伞形，树冠冠型由窄冠型变成为宽冠型，森林生长由快变慢。俗话说"杉木修枝似火烧"，就是指绿修对杉木树生长不利。尤其幼年期绿修，危害更大，伤流明显。为此，拟定杉木从Ⅱ龄级开始采用"半干修"。具体分两步走：第一步，对需要修枝的侧枝先进行中度修剪，修剪后的枝条保留一少部分功能性枝段，以减少光照，促进生理衰老；第二步，于次年或过若干年后，待该侧枝枯黄或接近枯死时，再予以剪除，即进行"半干修"。其他一些既无干修对象，也不宜进行绿修的树木，也可以采取类似杉木的修枝方法，即半干修的修枝方法。

最后，忌截干，改变截干习惯。实际上，截干违背了树木生长的客观规律。忌截干，也无非是顺应了自然规律而已，此并非什么创造。因此，用材林、生态公益林、风景林和以乔木树种为主的城市森林，除特殊情况外，均需保留苗木和幼树顶部，直到Ⅳ龄级前均不得截干，以促进主干梢部向着空间高度方向不断生长。

2. 新方法的好处

（1）发挥乔木树种高度优势　忌截干的好处，主要在于能够显著提高树木主干高度，充分发挥乔木树种的高度优势，向空间索取更大效益。故无论是幼年期还是中龄期，均不应截干，除非特殊情况。在树木幼年期进行截干，危害性更大。

（2）塑造长冠型树冠　少修枝即轻度修枝，不仅能确保树冠的绝对长度，还能确保树冠的相对长度，从而可明显增加树冠采光面积和树冠采光面积系数。比如一株林木，圆锥体形树冠，其占地面积$4.91m^2$，树干高度9m。若修枝高度为1m，则树冠长度为8m（属长冠型树冠），树冠采光系数6.40；倘修枝高度为7m，则树冠长度为2m（为短冠型树冠），树冠采光面积系数只有1.60。前者比后者的树冠采光面积系数增加4.80，两者几乎相差3倍（表2）。如此，重度修枝对林木生长的影响就可想而知了。

长冠型树冠和短冠树冠，也是一个相对的概念，并不是一种具体特定的树冠形状。长冠型树冠，是树冠长度等级最高（一级）的树冠，其树冠长度与树干高度之比≥2/3；相反短冠型树冠，是树冠长度等级最低（三级）的树冠，其树冠长度与树干高度之比≤1/3。在同样的树干高度条件下，长冠型树冠和短冠型树冠，两者的树冠采光面积系数相差可达数倍之多，足见树冠长短对树木生长影响之大。

为了塑造长冠型树冠，必须少修枝。当然，少修枝并非不修枝，适当适时修枝还是需要的。对于有些树木如行道树，多修点枝也无可厚非。但必须按照长冠树冠要求，不能超过一定限度，应该遵循一定标准。只有少修枝，才能形成长冠型树冠，增加树冠采光面积，促成树干长得更高；树干高大了，修枝高度就可相应增加，最后才能够多修枝。

有这样一种误解：认为用材林只有多修枝、少留枝，才能促进树木长高，培育少节良材。其实这种认识是片面的，因为修枝特别是绿修，说到底是修去长有叶子的营养枝条。然而营养枝条特别是树冠绿叶层，是树木赖以生长的基础。多修枝的实质就是从根本上削弱了这一基础，对树木生长有百害而无一利。而少节良材的育成，只能通过多修剪、适度疏枝和侧枝更新的措施才能实现。

表2　树冠采光面积系数与树冠长度关系

树冠长度（m）	1	2	3	4	5	6	7	8	9	10
树冠采光面积（m²）	3.93	7.85	11.78	15.71	19.64	23.56	27.49	31.42	35.34	39.27
树冠采光面积系数	0.80	1.60	2.40	3.20	4.00	4.80	5.60	6.40	7.20	8.00

注：设定占地面积4.91m²（冠幅2.5m），树冠形状为圆锥体形

五、修枝强度

林木的修枝强度分为三级，其中：

轻度修枝，修枝高度与树干高度之比<1/3，保留树冠长度与树干高度之比>2/3；

中度修枝，修枝高度与树干高度之比为1/3~1/2，保留树冠长度与树干高度之比为1/2~2/3；

重度修枝，修枝高度与树干高度之比≥1/2，保留树冠长度与树干高度之比<1/2。

绝大多数乔木树种均应当坚持轻度修枝。截干虽不在用材林的修枝之

列，但截干的危害性并不亚于重度修枝。截干只有在特殊情况下，如对近熟林或培育特定规格用材时才能使用。

六、修枝季节和间隔期

1. 修枝季节

绿修和半干修在树木休眠季节，干修不受季节限制。

2. 修枝间隔期

修枝无固定间隔期。原则上，在可修枝可不修枝的情况下，就不该修枝。只有在非修枝不可的情况下，才能进行修枝。这是确保长冠型树冠的需要。

总而言之，只有那些光合作用效率低下，或基本失去光合作用功能，对主干生长有害无益的、无法更新的侧枝，或者为了便利林木管理，预防病虫害和森林火灾等，才能实施修枝，以最大限度地塑造长冠型树冠。

少修枝、忌截干，即轻（度）修枝、不截干的技术措施，可广泛适用于乔木树种中的用材林、城市森林和生态公益林，是充分发挥乔木树种高度优势的必然选择。

参考文献

[1] 杜宏彬，吕世新等．树冠论．世界农业，2008（5）：48～50
[2] 简明林业词典．北京：科学出版社，1982
[3] 沈永钢．地球上最重要的化学反应：光合作用，广州：暨南大学出版社，2000

原载全国中文核心期刊《世界农业》学术版 2008 年第 8 期（149～151），本文有所修改

注：本文第三和第四部分，曾被某人抄袭，以"试论乔木树种整枝修剪新旧方法对比"等题，发表于多家杂志和网站上，其中有一家科技期刊的 2010 年第 8 期，也发表了此文。经笔者披露后，该杂志社对此事件作出适当处置，予以公示：并在 2011 年第 18 期（175）上，刊载了"来信照登"和编后语。现将其附后。

附：　　　　　　　　　　　　　来信照登

《××××》杂志社：

贵刊于 2010 年第 8 期刊载了×××同志的"乔木树种整枝修剪新旧方法对比浅谈"一文（89～90），系抄袭本人执笔的"保持乔木树种高度优势"一文（第三和第四部分）。除了题目不同之外，全篇文章几乎 100% 都是抄袭的。本人原文刊于《世界农业》学术版 2008 年第 8 期（149～151）。

浙江省新昌县苦丁茶研究所　杜宏彬

编后语：由于本杂志没有检索出原文，把关不严，致抄袭文刊出。特此致歉！

《××××》杂志下半月刊编辑部

藤本作物生长方式与空间效益

杜宏彬[1]　徐　伶[2]

（1. 新昌县科学技术协会，浙江　新昌　312500；
2. 新昌县科学技术局，浙江　新昌　312500）

　　摘　要：匍匐生长或习惯上匍地蔓生的藤本作物，叶面积系数较低，产量也受到影响。实施搭架栽培后，改变了植株生长方式，可大幅度提高叶面积系数，因而产量也较高。搭架的方式有多种，其中以直立式搭架栽培的叶面积系数最高，效果也较好，其他搭架方式可以在个别或特殊情况下具体应用。
　　关键词：藤本作物；植株生长方式；叶面积系数；搭架栽培；直立式支架

　　人类生产活动的最终目的，在于以最少的空间和资源获取最大的效益，包括经济效益、社会效益和生态效益。作为绿色植物重要组成部分——藤本作物的栽培，也不例外。

一、藤本植物生长方式

　　藤本植物。茎秆细长，较为柔软，不能自由直立的植物，统称为藤本植物。

　　藤本植物，按其茎秆的质地，可分为草质藤本和木质藤本。其中草质藤本有甘薯、草莓、西瓜和黄瓜等，木质藤本有葡萄、猕猴桃、葛藤和紫藤等。

　　藤本植物若按茎秆生长方式不同，主要可分为攀缘茎、缠绕茎和匍匐茎三种。

1. 攀缘茎

用各种器官攀缘于它物之上。

2. 缠绕茎

茎不能直立，螺旋状缠绕于它物之上。

3. 匍匐茎

茎平卧地面，节上生有不定根。

此外，还有平卧茎：茎平卧地面，不能直立，但无不定根。

二、藤本作物生长方式改变——支架栽培

1. 藤本作物的意义

许多藤本蔬菜植物，特别是瓜类草质藤本植物，对人类食生活有重要作用。藤本植物是森林种类多样性的重要组成部分，作为森林动物的食物和生境，对其生存和种群发展具有重要影响。藤本植物中还有许多重要的经济种类，如猕猴桃、葡萄等著名木质藤本果树，热带藤棕是制作藤杖和佛珠的重要材料，薯蓣是提取避孕药的主要原料，葛藤是提取治疗心血管疾病黄酮类的重要原料等。特别值得一提的是，藤本植物为垂直绿化的主要材料，在城市绿化美化中具有其他植物难以替代的作用。

2. 各种藤本作物支（搭）架栽培与产量

植物生长方式改变的方法有多种，如群体栽培、间作和套作、混交造林、搭支架栽培、立柱式栽培等。本文仅指藤本作物的支（搭）架栽培，旨在改变其匍地蔓生的生长方式，以提高作物的空间效益及产量。

（1）甘薯支架栽培　甘薯的茎是匍匐茎，这是不能直立向上生长、平铺在地面上的茎。因此，甘薯栽培一直以来是任其藤蔓在地面上匍匐生长的，致使产量受到很大限制。

发明专利公开号 CN101073303A 和 CN101073304A，分别叙述了两种甘薯的立体栽培方法，即支架式立体栽培和悬挂式立体栽培方法。具体做法是，从甘薯幼年期起，在行间搭以支架，将薯藤扎缚或悬挂在上面，以改变原有匍匐生长方式和单面受光的状态，使植株直立生长，能四面受光。叶面积系数随之提高 1～2 倍，从而使鲜薯产量增加 20%～60%。而甘薯高篱式垂直立体栽培，植株较高，增产幅度更大，可达 51%～98%。

（2）紫山药支架栽培　浙江省黄岩市茅畲乡浦阳村的牟锡岳，在紫山药生产上，从改变种植方式着手。传统种植紫山药都采用打垄匍地蔓生，植株容易郁闭，通风透光不良，田间相对湿度高，对病菌孢子的繁殖十分有利。而他则采取地膜覆盖、搭架栽培。当紫山药幼苗一放蔓，便随竹架缠绕而上。由于光照足、通风好，植株抗病能力显著增强。收获时每株足有

2.0~2.5kg重，比周边田块增产1倍以上。

（3）网纹甜瓜支架栽培　浙江省嘉兴市南湖区大桥镇，在春季网纹甜瓜生产中，采用大棚立体栽培，搭架引蔓，用吊绳法，每蔓上下固定一根绳子，待蔓长至10~12节时将蔓引上。也可用小竹竿立柱，每蔓一根小竹竿。采用这种大棚立体栽培，与普通大棚栽培相比，种植株数可增50%，从而使产量得到大幅度提高。网纹甜瓜每亩产量一般在1 400kg左右，由于该镇近年来开展大棚立体栽培，产量明显提高，每亩产量高的达2 700kg，平均在2 400kg左右。

（4）西瓜支架栽培　浙江省宁波市北仑区新矸镇农户赖大年，西瓜大棚上架栽培，采用直立上架方式，进行两蔓整枝，摘除所有侧枝。该方法种植西瓜，具有个头小、糖度高 、风味好、反季节的特点，适宜作小型礼品西瓜，每亩产1万千克，经济收益1.5万元。

（5）南瓜支架栽培　据广东省星火计划网报道，为提高产量和品质，早熟南瓜栽培可进行支架种植。棚架栽培比爬地南瓜通风透光好，结瓜率高，瓜个大，品质好，可增产30%~40%。

（6）草莓支架栽培　浙江省农业科学院自创的一种草莓立体栽培技术，可以让草莓长在架子上，边走边采。改变了栽培方式，可以不用猫着腰摘草莓了，大大地节省了人力，还可以增加草莓的种植密度，每亩可增产25%~50%。这种栽培方法可用于观光农业。

（7）猕猴桃活支架乔化栽培　利用速生树（如椿树等）作活支架，经适当修剪，使猕猴桃沿树生长，矮粗健壮，光照适宜，立体结果。它具有三个突出优点：一是节省建园架材费，节省材料费90%以上。二是扩大有效生产空间，单位面积产量可提高20%以上。三是增加空气湿度，调整果园温度，改善果园小环境，有利于猕猴桃生长发育，果实品质好，尤其对防止猕猴桃果实日灼病具有重要作用。

（8）葡萄双层搭架栽培　新疆农业科学院吐鲁番长绒棉研究所的葡萄双层搭架技术，主要为：葡萄行距1.5m，株距0.4~0.5m，每株留两个主蔓，主蔓长度控制在2.5m，比较成熟的主蔓放在第一层架上，新梢主蔓放在第二层架上，整理修剪果枝，使果实部位分布均匀。实收亩产鲜葡萄5 000~8 000kg，其中商品率达到85%。较适合滴灌节水工程，适合露地和温室栽培，可提高土地利用率，充分利用当地光照资源，具有较强操作性，提高了葡萄的产量和品质。

3. 作物支架（搭架）栽培历史

在历史上，作物支架栽培早就有了。例如黄瓜、苦瓜和葡萄的搭架栽培已有 2000 余年，现在甚至已经发展到双层搭架和立柱式等设施栽培了。过去的搭架作物，大多数为攀缘茎和缠绕茎，可以说是从大自然模仿和移植过来的。但是迄今为止，多数匍匐茎作物和一些无搭架习惯的攀缘茎、缠绕茎作物，仍然是无架栽培，任其藤蔓在地面匍匐生长，致使效益和产量受到很大影响。例如，甘薯、草莓、山药和西瓜等，一直以来没有搭架，也不知道需要搭架栽培。而推行搭架技术，只是近几十年的事。其中有的作物，如甘薯、草莓等，则时间更短，最近几年才出现。

作物搭（支）架栽培，实质上是使作物从地面向空间发展，从低层空间向高层空间发展，是作物提高空间效益及产量的重要措施之一。

三、效益机理

藤本作物支（搭）架栽培效益显著，与匍匐生长及传统栽培方式的藤本作物相比较，一般可以增加单位面积种植密度 30% ~ 50%，提高单位面积产量 25% ~ 50%，多的可达 100% 以上。

藤本作物搭架栽培，其最大特点是能改变植株生长方式，变原有的匍匐生长状态为直立生长方式，由此带来几大变化。

1. 大幅度增加叶面积系数

支（搭）架能大幅度增加藤本作物的叶面积系数，这是搭架栽培效益显著的主因。例如，甘薯藤蔓经上架后，叶面积系数随之能提高 1 ~ 2 倍。打一个比方：设有 1 株匍匐生长的甘薯，藤蔓长度为 1.2m，叶面积和占地面积各 240cm^2，则单株叶面积系数为 1.0。倘若采用直立支架栽培，其长度和叶面积都不变，但占地面积却减少到 60cm^2，则单株叶面积系数就上升为 4.0 左右。这是因为叶面积系数是叶面积占土地面积的比值，同样的叶面积，土地面积大幅度减少了，叶面积系数必然会随之增加。而在作物封行之前，叶面积系数和作物产量之间的关系，是成正相关的。

2. 光照条件大大改善

藤本作物生长方式改变后，由匍匐生长转变为直立生长，可使光照环境大为改善。能使植株四面立体受光，光能利用率提高，故能够促进作物增产。因为没有足够的阳光，即使叶面积和叶面积系数再高，绿叶也是不能发挥应有作用的。

3. 有利于发挥边行优势

藤本作物生长方式改变后，由于植株高度显著增加，就能发挥作物的边行优势，即变低矮作物原有的边行劣势为高位植物的边行优势，提高光合作用效率。

4. 增强作物抗病虫灾害能力

藤本作物生长方式改变后，由于光照充足，透风良好，抗病虫能力大大增强，如能抵御和减少紫山药的炭疽病和白涩病，猕猴桃果实日灼病等。

四、初步结论

1. 绿色植物在水平地面方向的发展潜力非常有限，而立体空间方向的发展潜力却要大得多，在某种程度上可以说是无限的。藤本作物未搭建支架时，植株贴近地面生长，与直立茎植物相比较，其效益要低得多。

2. 藤本作物，尤其是匍匐茎植物和习惯上匍地蔓生的攀缘茎和缠绕茎植物，其空间效益之所以较差，主要是由于植株生长高度低，叶面积系数不高，不能像直立茎那样，向更高的空间索取更大的效益。

3. 藤本作物经支（搭）架栽培，由匍匐生长改变成为直立生长后，能提高效益的主要原因，是作物的叶面积系数大幅度增加。这是因为直立生长的植株，与匍匐地蔓生的植株相比较，其占地面积大大减少了。

4. 藤本作物搭建支架的方式，基本上有直立支架、倾斜支架和平棚支架三种，其中以直立支架的效益最高，倾斜支架次之，再次是平棚支架。应当提倡以直立支架为主，其他两种架式可根据具体情况来选定。

5. 直立支架方式有多种，如吊绳法、悬挂式、篱式、立杆和活支架等，应根据作物品种特点加以选择。

参考文献

［1］杜宏彬，徐伶，刘振华．绿色植物提高空间效益的共性关键技术［J］．今日科技，2006（6）：41~42

［2］蔡永立，郭佳．藤本植物适应性生态学研究进展及存在问题［J］．生态学杂志，2000，19（6）：28~33

［3］任宇．一位农村留守老人的科技情缘［J］．浙江科协，2007（8）：27~28

［4］郑风海，张月华．春季网纹甜瓜大棚立体栽培［J］..世界农业学术版，2009（4）：14

［5］Biajw．西瓜大棚上架密植栽培．中国绿野宁波农村经济综合信息网，2000-11-13

［6］南瓜露地栽培技术：田间管理工作．广东星火计划网，2009-04-26

［7］叶玉跃等. 架子上的草莓熟了 ［N］. 浙江日报，2011 – 1 – 10

［8］猕猴桃活支架乔化法. 中华商务网，2000 – 11 – 6

［9］买日江，热西提. 葡萄双层搭架优质高产栽培技术 ［J］. 新疆农业科学，2007（52）

［10］杜宏彬. 关于树冠采光面积系数的思考 ［J］. 江西林业科技，2009（2）：22 ~ 24

［11］杜宏彬等. 植物叶面积系数的探究 ［J］. 新农民，2011（10）：197 ~ 198

［12］杜宏彬，叶卸妹. 从甘薯等作物的立体栽培看绿色植物的空间效益 ［J］. 世界农业学术版，2009（3）：132

［13］Bunce, J. A. The effect of leaf size on mutual shading and cultivar differences in soybean leaf photosynthetic capacity ［J］. *Photosynthesis Research*，1990，23（1）：67 ~ 72

马尾松毛虫结茧习性调查 *

杜宏彬　梁国成

（新昌县林业科学研究所，浙江　新昌　312500）

　　摘　要：马尾松毛虫以松针为食料。其为害松树，轻者使绿叶大大减少，影响植株生长；重者啃光全部针叶，导致植株死亡。浙江新昌县的马尾松毛虫在结茧习性上有很大的特殊性，经反复调查，地面结茧占80%以上 。引诱结茧试验进一步证明了这一习性。利用该特点，为当地的马尾松毛虫防治工作提供了方便。

　　关键词：马尾松毛虫；树上结茧：地面结茧；引诱结茧；结茧习性利用

　　1979 年，我县 14 万亩马尾松林遭受马尾松毛虫为害。其中为害较严重的有 4 万亩，致使大片松林死亡。如红星公社后岱山大队 5 500亩受害松林中，有 1 000多亩松树基本上枯死。松毛虫的为害，不仅直接影响林业生产，也影响农业、人民生活和身体健康。

　　马尾松毛虫（*Dendrolimus punctatus* Walker）是松毛虫属中分布最广的一个种，南北跨 14 个省区。它一般只为害马尾松，以其针叶为食料。马尾松毛虫在我国的分布范围限于马尾松生长地区，在马尾松分布的边缘地区，如云南、四川等省区均有它种松林生长，马尾松毛虫受食料的影响，形成各地亚种。

　　新昌县的马尾松毛虫，虽非受到食料的影响，但它在结茧习性上却有很大的特殊性。经我们反复调查，新昌县马尾松毛虫大部分（80%以上）结茧在地面上，树上结茧仅是少数。现将新昌县马尾松毛虫的结茧习性记述如下。

一、结茧习性调查

新昌县马尾松毛虫具有一般马尾松毛虫的形态特征，生活史也基本相似。一年发生 2～3 代。但其结茧习性与一般松毛虫区别很大。1979 年 5 月 8 日，我们在红旗公社下王大队凤凰山，随机调查 3 株 10 年生马尾松树，共采集到越冬代松毛虫茧 26 个。其中由树上采茧仅 1 个（占总茧数的 3.85%），从地面上采茧 25 个（占总茧数的 96.15%）。5 月 14 日，到西岭公社坎下大队调查，共采茧 263 个，其中从树上采到仅 23 个（占总茧数的 8.7%），其余 240 个茧都是从地面上的石块底下、树干基部的树皮缝里、枯草丛中找到的（占 91.3%）。我们曾发现在一块石头底下结茧 13 个，从一株杂草基部结茧 27 个（附图）。同年 7 月 31 日，我们到回山区中采公社东浪大队和澄潭区诚爱公社定畈大队等地，调查第一代松毛虫结茧情况，两天共采茧 1 076 个，其中地面上桔茧 929 个，占总茧数的 86.3%；树上结茧仅 147 个，占用 13.7%。第二代、第三代的松毛虫也大部分结茧于地面上。

据观察，树上所结的茧子茧壳很薄，也很小。主要是幼虫可能受到病虫和其他损伤的影响而无法下树结茧化蛹。

二、引诱结茧试验

为了证实新昌县马尾松毛虫的地上结茧习性，同时摸索引诱结茧、捕杀松毛虫的方法，我们于 1979 年 5 月上旬，曾对越冬代幼虫作了引诱结茧试验。分别在马尾松树干基部扎缚稻草、松枝、狼箕和狼箕松枝混合物，观察是否能引诱老熟幼虫在扎缚物中结茧。试验树共 6 株。其中 1～4 号树是在红旗公社下王大队凤凰山上，树上原有幼虫较多（每株树 10～25 条），树高 2m 左右。5 号、6 号树系移植幼树，栽植于原县林业局种子仓库空地上，幼虫由城区拔茅公社拔茅大队松林中提来。试验前这 6 株树上共有幼虫 91 条，试验后共获茧 46 个（另外 45 条幼虫逃走）。其中在树上结茧仅 3 个（占总茧数的 6.5%），各种扎缚物中结茧 13 个（占 28.3%），地面上结茧 30 个（占 65.2%）。

试验结果表明，将引诱物扎缚于树干上，虽能阻碍松毛虫从树上爬到地面去结茧，但大部分幼虫仍能穿过扎缚物到达地面结茧。在引诱物中以稻草诱获率最高（为引诱物中结茧数的 92.3%，占总结茧数的 26.7%），其他引诱物诱获率很低。这就从另一个侧面说明新昌县马尾松毛虫有喜欢在地面上结茧而不喜欢在松树上结茧的习性。

三、地面结茧习性的利用

新昌县马尾松毛虫地面结茧的这一习性为马尾松毛虫的防治工作提供了方便。例如，当老熟幼虫下树结茧时可以在树干上人工捕捉，或者在树干上涂毒环毒杀下树幼虫；下树幼虫在地被物上结茧，便于人工采集。去年我们利用马尾松毛虫下树结茧这一习性，广泛发动群众，上山采茧灭虫，先后共采集松毛虫茧 5 000 余千克，对减少虫害，保护松林正常生长起到良好的作用。

马尾松毛虫地面结茧的这一情况，分布范围不广。除新昌县外，尚有天台县、临海县等地，可能同属于一个类型。

附图：

一条草根上结茧 27 个

原载《浙江林业科技》1980 年第 3 期（25～26）

注：

① 该文编入本书时增加了摘要和关键词内容；

② 新昌县马尾松毛虫经中国科学院动物研究所侯陶谦同志鉴定，并予指导帮助；

③ 参加部分调查和试验工作的还有朱伟曙、张道均、蒋明矩、石喜庚、吴联中等同志；

④ "新昌县马尾松毛虫结茧习性及其利用"项目曾获新昌县科技成果奖；

⑤ 据不完全统计，至目前为止，本论文已被 10 余种科技期刊引用或参考。

低位和高位植物与设施栽培

杜宏彬[1]　王梅成[2]

（1. 新昌县向阳苦丁茶研究所，浙江　新昌　312500；

2. 新昌县农民培训转移工作办公室，浙江　新昌　312500）

摘　要： 绿色植物地面低空增产幅度有限，上方空间发展潜力大得多。低位植物植株矮小，贴近地面，只能从低空截获太阳光，劣势明显。但其寿命和生产周期均较短，有效绿叶比例大，这是其长处。因此，低位植物设施栽培，不仅必要，而且可能。设施栽培可以满足植物光合作用三条件，因而能够大幅度增产。高位植物一般不适宜于设施栽培，重在利用和发挥高度优势。低位植物的劣势，正是高位植物的优势；低位植物的长处，恰是高位植物的短处。

关键词： 低位植物；高位植物；设施栽培；光合作用；冠层表面积系数；空间效益

一、基本概念之我见

绿色植物按植株高度和大小不同，不妨可以区分为低位植物和高位植物。

1. 低位植物

低位植物是指植株相对比较矮小、贴近地面的植物，如部分蔬菜类、部分藤本植物、作物秧苗、草莓和绿萍等。低位植物由于植株矮小，占据空间也较小，只能从地面和低空截获太阳光。

2. 高位植物

高位植物是指植株相对比较高大的植物，如树木、玉米、水稻和小麦等。高位植物由于植株相对高大，占据空间也较大，可以从较高空间截获太阳光。

二、低位植物与设施栽培

1. 低位植物的劣势

低位植物没有高度优势和边行优势，只有低位劣势。其冠层表面积系数，都比较小，一般最大值不超过 1.5。如较典型的生长在池塘中的绿萍群体，分布于同一水平面上；在适宜条件下，当绿萍长满池塘水面时，其冠层表面积系数是 1.0，郁闭度也为 1.0（相当于漏光率 0%），二者基本一致。其他低位植物如草皮、苔藓的情况也相类似。当然，不同的低位植物种，植株高度也有所差别，总的趋势为：越是低矮和贴近地面的植物，其冠层表面积系数的最大值越是接近于 1.0。

如前所述，低位植物由于植株低矮、占据空间狭小，冠层表面积系数较低（已难以再提高），只能从低空地面截获太阳光，因而作物产量受到极大的限制。这是低位植物的劣势所在。因此，只有改变原有的低空生长方式，使之从低位低空向高位高空扩展，就是说采用设施栽培等技术措施，才能提高空间效益，从根本上扭转此种状况。

2. 低位植物的长处

低位植物也有长处，主要体现在植株矮小，寿命不长，生产周期短；有效绿叶面积比例高。因为无效绿叶，是由老年叶和被蔽荫叶组成的；而低位植物基本上不存在垂直蔽荫，也不存在侧方蔽荫，所以几乎没有或很少有被蔽荫的绿叶。从而为设施栽培提供了必要条件和可能性。所以，在实际生产中，诸如草莓、蔬菜之类的设施栽培，发展较快。

3. 低位植物与设施栽培

设施栽培，属于设施农业范畴。什么叫设施农业？就是用一定的设备，在局部范围内改善和创造适宜的环境，为种植业、养殖业以及产品的储存、保鲜提供适宜乃至最佳的条件，从而进行有效生产的农业。例如低位植物的多层栽培、立柱式栽培和墙体（壁）式栽培，等。许多低位植物和作物的秧苗阶段，都可以进行设施栽培，取得很好效益。

浙江省嵊泗县菜园镇石柱村的翁光裕，于 2011 年 9 月份，尝试了草莓的分层栽培，使得大棚产量大大提高，每亩产草莓达到 2 500kg。翁光裕的大棚分三层：第一层以地面为基础，第二层距地面 0.8m，第三层距离地面约 1.5m。每层使用的有机质无土栽培。还在智能大棚里装了 36 盏白炽灯，一来可提高棚内温度，更重要的是保证底层草莓的光照量。分层栽培提高了土地利用率，按 600m^2 建筑面积计算，实际使用面积可达到 1 800m^2。

据温州市农业科学研究院报道，按照立柱式无土栽培效益模式——生菜和樱桃蕃茄（或番茄）周年6茬种植，每0.067hm²的年产量达13 000kg，是一般保护地栽培的2倍，是露地栽培的3倍。

以色列是个土地贫瘠、资源短缺的人口小国。其国土面积50%为不毛之地，只有不到20%的土地是可耕地。面对恶劣的自然环境，加上阿以冲突持续不断的周边环境。以色列却应用设施农业和依托科技进步，创造了"沙漠奇迹"。十多年来，农业总产值年增长率始终保持在15%以上，粮食已基本自给，水果、蔬菜和花卉除了满足国内需要外，出口额比过去增长了12倍。

设施农业，在我国起始于20世纪70～80年代。最近20年来，我国以蔬菜产业为主的设施农业地位非常重要。设施蔬菜占设施园艺面积的90%以上，设施蔬菜（包括西甜瓜）栽培面积达270多万公顷，占世界设施蔬菜总面积的80%以上。我国设施蔬菜用20%的菜地面积，提供40%的蔬菜产量和60%的产值。我国是设施农业特别是设施蔬菜的大国，但还不是强国。

4. 设施栽培增产机理

光合作用是地球上最重要的化学反应，构成作物产量的基础。设施栽培较非设施栽培，可大大改善和创造适宜的环境，主要是作物的光合作用环境。因为光合作用须具备三个条件：既要有原动力——太阳光；更要有载体平台——绿叶；还要有原材料——CO_2和水。三者缺一不可。在设施栽培中，太阳光可用白炽灯代替，或用高汞钠灯和卤化金属灯的混合光线代替。光量能够自由调节，光照时间可根据需要延长。随着植株向上方空间扩展，单位土地上冠层表面积大大提高，从而可以较轻松地使冠层表面积系数提高几倍。还有，作物需要的CO_2浓度可由供给装置控制。温度和水分以及养料有调节装置控制等。总之，设施栽培能为作物创造一个更好的光照环境，更多的绿叶面积，更适宜的CO_2和水分及其他相关条件（养料、温度等）。因此作物产量能得到大幅度提高，实现了低位植物从劣势向优势的转变。

三、高位植物的特征

1. 高位植物的优势

高位植物植株比较高大，这是优势所在，是低位植物所没有的。其冠层表面积系数和叶面积系数，明显高于低位植物，通常都大于2.0。其中乔木树种，更独具天然高度优势。最高的树木可达100余米，树冠采光面积系数，甚至可达 10.0 乃至 20.0 以上。因此产量很高。在速生用材林中的高产林分，由于连年累计生长的结果，每公顷产出的生物总量，可达数百吨乃至近千吨之巨；年均生物产量也有数十吨，最高上百吨。这远非农作物和其他绿色植物所能比拟的。

2. 高位植物的短处

高位植物的短处是寿命和生产周期都较长，不能在短期内得到收益。同时，由于植株高大，群体的垂直蔽荫和侧方蔽荫也较大；植株越高，蔽荫越大，从而导致无效绿叶比例增多，有效绿叶比例减少。此外，高位植物植株较高，既是一种优势，也是一个短处；因为植株高大，除了部分植物秧苗外，一般不适宜于设施栽培。

3. 高位植物的设施栽培

高位植物设施栽培，通常适用于幼苗期（或高位植物中部分植株相对低矮的品种）。因为苗期阶段植株矮小，留床时间较短。如水稻秧盘育苗，已日趋工厂化。花木设施栽培也较多。除幼苗期之外，一般高位植物不宜采用设施栽培。因为植物植株越高，越难控制，垂直蔽荫和侧方蔽荫越大，适宜的郁闭度越小，种植密度越少。效益降低，成本增加。以乔木为主体的城市森林、生态公益林和用材林，尤其不便于设施栽培，更不宜搞什么多层式、立柱式和墙体（壁）式之类的设施栽培了。当然，特殊情况和个别树种（如结合休闲旅游和乡村生态旅游），搞一点设施栽培也未尝不可，象李树、枇杷等设施栽培。然而，果树之类中的乔木，倘若实行设施栽培，必须选择适当品种，树形要紧凑，要修剪、矮化，易花、早果。

4. 发挥高位植物的优势

如上所述，高位植物重在利用和发挥高度优势，而非设施栽培。为此须注意以下几点。

（1）适宜的漏光率　通常作物达到或接近封行、林木达到或接近密郁闭（0.70）时，冠层表面积系数也达到或接近最大值。此后，随着植物群体生长，光照环境恶化，冠层表面积系数快速下滑。

就草本植物和农作物来说，植株越高大，要求漏光率越高；植株越低矮，漏光率要求越低。如绿萍和草皮，适宜的漏光率为0%，草莓2%～3%左右，水稻和小麦5%～6%，玉米为7%～8%等。大多数草本植物和农作物适宜的漏光率，都在10%以下。

就木本植物来说，植株越高大，对郁闭度要求越低；植株越矮小，郁闭度要求可越大。如茶树和灌木郁闭度0.75～0.90，一般乔木为0.65～0.70，高大乔木 0. 5 ~0. 6。

（2）合适的株型 一般高位植物，可通过群体栽植、间苗（伐）和修剪等措施来发挥其高度优势。同时，要选择和塑造合适的株型。如以乔木树种为主的城市森林、用材林，在修剪中须忌截干、轻修枝，塑造长冠型和窄冠型兼备的理想树冠。因为只有这种树冠，才能有最大或较大的树冠采光面积，实现高效益、高产量。

高位植物保持适宜的漏光率或郁闭度，选择和塑造合适株型，与发挥高度优势之间，是相辅相成的。其目的是为了充分利用植株高度，发挥植物上下绿叶功能，增加冠层表面积和有效绿叶面积，提高光合作用效率。在此不作详细论述。

四、结论探讨

低位植物和高位植物，特点不同，空间效益不同，对设施栽培的适应性也不相同。

1. 由于受到土地面积的制约，绿色植物在地面水平方向上的增产幅度非常有限，而向着上方空间发展的潜力却要大得多，在某种程度可说的无限的。无论低位植物，还是高位植物，都是如此。

2. 低位植物和高位植物，向上方空间发展的途径不同。前者主要是改变生长方式，应用设施栽培技术；后者重在利用和发挥自身的高度优势。

3. 低位植物植株矮小、贴近地面，只能从地面低空截获太阳光，这是其劣势。设施栽培则为低位植物向上方空间发展提供重要途径，使劣势转变成优势；而低位植物生命和生产周期均较短，有效绿叶面积比例高，无效绿叶面积比例少，这是其长处，该长处增加了设施栽培的可行性。

4. 高位植物因植株高大，寿命和生产周期均较长，一般不适宜于设施栽培，重在利用和发挥高度优势。但部分植物的秧苗阶段，植株较为矮小，可以应用该项技术。

5. 低位植物的劣势，正是高位植物的优势；低位植物的长处，恰是高位植物的短处。低位植物实行设施栽培，能使劣势变成优势，可以像高位植物那样，向着上方空间扩展，索取更大的空间效益。

参考文献

［1］徐国绍，王绍越等. 论植物的群体栽培 ［J］. 安徽农学通报，2011（20）：22～23

［2］杜宏彬，吕吉尔. 试论植物有效绿叶面积 ［J］. 安徽农学通报，2012（2）：14～16

［3］ 黄银风，胡园园．草莓分层栽培 产量增加两倍［N］．浙江科技报，2012－02－14（3）

［4］ 王法格，熊自力等．蔬菜立柱式无土栽培技术简介［J］．温州农业科技，2002（2）：7～9

［5］ 尧水根．以色列的设施农业［J］．老区建设，2009（3）：60～61

［6］ 张志斌．我国蔬菜设施栽培技术发展趋势与任务的探讨［P］．2008年全国现代设施园艺技术交流会

［7］ 杜宏彬．试论树木的群体造林［J］．亚林科技，1984（3）：22～24

［8］ 杜宏彬．关于树冠采光面积系数的思考［J］．江西林业科技，2009（2）：22～24

［9］ 杜宏彬译文（日）．不用阳光和土壤的蔬菜工厂［J］．长江蔬菜，1987（6）：40

［10］ 杜宏彬，徐伶，刘振华．绿色植物提高空间效益的共性关键技术［J］．今日科技，2010（6）：41～42

［11］ 陈吉传，陈志良等．水稻钵形毯状秧盘育苗的效果［J］．农技服务，2009，26（1）：5～6

［12］ 杨艳珊．花卉设施栽培进展［J］．现代园艺，2011，（7）：3～4，7

［13］ 张选宏．李树设施栽培技术［J］．现代农业科技，2011，（24）：147

［14］ 王海波，王孝娣．中国果树设施栽培的现状、问题及发展对策［J］．农业工程技术（温室园艺），2009（8）：39～42

［15］ 盛伯增，吕新浩等．绿叶功能浅析［J］．新农民，2011（10）：97～99

［16］ 杜宏彬主编．绿色探索［M］．北京：中国农业科学技术出版社，2011

［17］ 吕世新，张晖等．保持乔木树种高度优势［J］．世界农业学术版，2008（8）：149～151

［18］ 回良玉．推进农业科技创新 保障农产品有效供给［J］．求是，2012（5）：3～7

译 文

文　学

五种温带生态对比树种向阳叶片和遮阴叶片光合诱导及诱导阶段限制的重要性

Otmar Urban，Martin Koš vancová，Michal V. Marek &
Hartmut K. Lichtenhaler 著

吕吉尔译

摘 要： 检验了向阳和遮阴叶片之间光合特性的主要差异，并确定了光合诱导期间生化限制和气孔限制的相对重要性。调查了捷克共和国某地强耐阴温带阔叶树种和针叶树种。研究树种包括强耐阴树种欧洲冷杉（*Abies alba* Mill.）和欧洲小叶椴（*Tilia cordata* Mill.），次耐阴树种欧洲水青冈（*Fagus sylvatica* L.）和欧洲槭树（*Acer pseudoplatanus* L.），以及喜阳树种欧洲云杉（*Picea abies* L. Karst.）。

在完全激活的光合状态下，所有树种向阳叶片的最大 CO_2 同化速率、最大气孔导度和最大羧化率均明显高于遮阴叶片。与遮阴叶片相比，向阳叶片的夜间气孔导度明显较高。在光照60s后，所有树种遮阴叶片的诱导状态高于向阳叶片。向阳叶片和遮阴叶片在诱导阶段期间短暂生化限制的消失率方面没有不同。较不耐阴树种欧洲水青冈和欧洲槭及喜阳树种欧洲云杉向阳叶片达到 90% 光合诱导和 90% 气孔诱导的时间比遮阴叶片要长；然而，强耐阴树种欧洲小叶椴和欧洲冷杉向阳叶片所需光合诱导时间近似于或少于遮阴叶片。欧洲云杉和欧洲冷杉遮阴针叶——而不是向阳针叶——诱导动态明显慢于阔叶树种。在各树种中，无论是向阳叶片还是遮阴叶片，喜阳的欧洲云杉呈现的气孔诱导时间最短。撇开耐阴性排名，遮阴叶片明显比向阳叶片更早表现出作为光合诱导特征的瞬态气孔限制和瞬态总限制。向阳叶片的光合诱导反应一般呈双曲线，而遮阴叶片更频繁地表现为 S 形诱导反应。光合诱导期间向阳和遮阴叶片瞬态生化限制和气孔限制的不同相对比例表明，气孔在诱导期间对光合作用限制的重要作用，主要在遮阴叶片中，对光合诱导曲线形状有后续影响。

关键词：动态光照环境；气体交换；光合速率限制；阳光/遮阴适应

Keywords：*dynamic light environment*；*gas exchange*；*photosynthetic limitations*；*sun/shade acclimation*

引言

在自然条件下，大多数叶片因云层变化或树冠外围叶片的遮蔽以及叶片因气流而动引起太阳辐照不断变化。短时波动的辐照占森林下层林木日照的 70% 以上，这代表林下植被和树冠内部叶片主要能源。有效利用波动的辐照要求叶片光照后快速的光合诱导。

树木向阳叶片——即获得高入射辐照的叶片的光合速率比遮阴叶片高得多，然而森林冠层中的大部分叶片——尤其是叶面积指数高的冠层在树阴深处。因此，有效利用动态光照环境，尤其是在较低冠层中，可能说明森林生态系统中每日碳增益的最大比率。

光合诱导可划分为三个阶段：①叶片暴露于高辐照的头 1~2min，涉及 CO_2 原初受体 1，5 - 二磷酸核酮糖（RuBP）再生的酶类活动增加。其限制被认为是由低辐照时果糖 - 1，6 - 二磷酸酶（FBPase）的快速下调以及可能涉及 RuBP 再生的其他酶所引起的；②催化初级羧化反应的核酮糖 1，5 - 二磷酸羧化酶/加氧酶（Rubisco）的不完全激活被认为是大多数诱导期间的关键生化限制。Rubisco 以指数方式激活超过大约 10min；③气孔疏开是光合诱导过程中最慢的步骤，达到完全诱导可能需要 1h 以上的时间。气孔也可能由较低的细胞间 CO_2 浓度通过减慢 Rubisco 激活的速率对诱导施加二次限制。

由于遮阴叶片和适阴植物的碳增益更有赖于连续变化的太阳辐照，它们的光合诱导动态可望有比向阳叶片和适阳植物更快。然而，文献中有关这一光合作用的证据存在矛盾。与阳生植物植物/喜光植物和向阳叶片相比，阴生植物墨西哥胡椒叶（*Piper auritum* Kunth.）和欧洲水青冈遮阴叶片的光合诱导更快些。而其他一些研究则发现，生长在森林间隙和林下的树种之间没有固定的差异。与这一光合作用完全相反，Tausz 等人报告在上层树冠中光合诱导明显快于低矮树丛常绿假水青冈（*Nothofagus cunninghamii*［Hook］

Oerst.）。

这些不一致部分反映出实验设计中的差异。光合诱导动态受下列因素的影响：①植物对生长环境的适应，例如，森林林下、森林间隙地和空旷地，这些因素导致叶片的生化变化和解剖结构变化；②植物先前的光照史影响光合酶激活速度；③生态因素，例如温度和叶片水分状况。

本研究比较了五种温带生态对比树种向阳叶片和遮阴叶片的光合诱导：落叶树种欧洲水青冈（*Fagus sylvatica*）、欧洲槭（*Acer pseudoplatanus* L.）和欧洲小叶椴（*Tilia cordata* Mill.）以及针叶树种欧洲云杉（*Picea abies*〔L.〕Karst.）和欧洲冷杉（*Abies alba* Mill.）。这些树种在耐阴性方面不同，但生长在同一片森林中，所以测量都是在相似的实验条件下进行的。本研究目标是：①检查光适应对光合诱导动态的影响；②鉴别诱导期间过渡动态生化限制和气孔限制；③评估诱导动态与各树种耐阴性之间的可能关系；④确定针叶树叶片是否以阔叶树叶片类似的方式作出反应。

材料和方法

场地描述和植物体

在位于捷克共和国拉瓦西里西亚州贝斯基迪山脉（Bílý Køíz；49°30′ N，18°32′ E，908 m a. s. l.）的一片天然林中进行测量。该地区的气候特征为年平均气温5.5℃，年平均相对空气湿度80%，总降雨量1 400mm（最近10年平均值）。地质基岩由中生代Godula砂岩——复理层类型构成，并被含铁质灰壤覆盖。

在2005年7月对20~40年龄欧洲冷杉、欧洲小叶椴、欧洲水青冈、欧洲槭树和欧洲云杉充分发育的向阳叶片和遮阴叶片进行生理学测量。这些树种的耐阴性不同。欧洲冷杉和欧洲小叶椴耐阴性强，欧洲水青冈和欧洲槭树耐阴性中等，而欧洲云杉则喜阳。

实验林分（其单面叶面积指数——即每单位地面表面积的总针叶表面积的一半——大约为11）内光合作用光通量（PPF）的长期测量显示向阳冠层与遮阴林冠空间之间巨大的差异。树冠内部遮阴叶片在晴天接受100μmol/（m² · s）PPF，而向阳叶片则达到最大1 200~1 500μmol/（m² · s）PPF。

从树上砍下带有所要求向阳叶片和遮阴叶片的树枝。每一树枝的切头立刻在水下再次切割以消除木质部栓塞，测量期间始终保存在水中。树枝取自健康的植株，没有因炎热的夏日造成的变干或光致褪色。在实验条件下，在

CO_2 同化速度（A）或气孔导度（g_s）方面，植株上的树枝和切下的树枝之间没有明显的差异。

气体交换测定

完全暗适应（至少 3h 后）的叶片在夜间进行测量。被测叶片暴露于来自 LI - 6400 - 02B（Li - Cor，Lincoln，NE）LED 光源的持续饱和辐照 [1 500μmol/（$m^2 \cdot s$）]。实际光合特性——即 A，g_s 和细胞间 CO_2 浓度（C_i）的时程用 Li - Cor LI - 6400 开放式气体交换系统自动记录（间隔 10s）。在所有测量过程中，叶片被保存在同化室里，环境 CO_2 浓度（375 ± 5）μmol/mol、空气湿度（60% ±5%）和叶片温度（20℃ ±1 ℃）保持恒定。通过同化室的气流速度保持在 500μmol。

从光合诱导曲线计算出达到完全诱导 90%（T_{90}）的时间及 60s 暴露于饱和辐照后光合 CO_2 同化速度作为叶片的最大 A（IS_{60}）。

完全光合诱导后大约 1h，产生出 A/C_i 响应曲线的起始部分，始于环境 CO_2 浓度 375μmol/mol，逐步减少到 375μmol/mol。A/C_i 响应曲线的值用来计算活体内 Rubisco 羧化作用（V_{cmax}）的最大速率和缺乏光呼吸作用（$\Gamma*$）情况下的 CO_2 补偿浓度，采用 Farquhar 等人的公式。

诱导限制模型

采用 Woodrow 和 Mott 提出的模型来分离在光合诱导期间消失的瞬时动态生化限制和气孔限制。在这一模型中，通过把光合速率换算为常量 C_i 来除去对光合作用的气孔限制。无气孔限制（$A*$）的 CO_2 同化速率计算如下：

$$A^* = \frac{(A + R_D)(C_{if} - \Gamma^*)}{C_i - \Gamma^*} - R_d \tag{1}$$

其中 C_{if} 为最终 C_i（诱导期结束时的 C_i），R_d 为暗呼吸速率。接着计算在光合诱导阶段消失的过渡动态气孔限制（LS）和生物化学限制（LB）：

$$LS = \frac{A^* - A}{A_{amx} + R_d} \tag{2}$$

$$LB = \frac{A_{amx} - A^*}{A_{amx} + R_d} \tag{3}$$

其中 A_{max} 为诱导期结束时的最大 CO_2 同化速率。光合诱导期间的总瞬时动态限制（LT）计算为 LS + LB。

统计分析

单向方差分析后进行 LSD 检验，以评估向阳叶片和遮阴叶片之间的显著性差异。差异检验的概率水平为 0.05 和 0.01。

结果

向阳叶片和遮阴叶片的光合作用和呼吸参数

向阳叶片和遮阴叶片的光合参数揭示阔叶树和针叶树叶片对光环境的典型光合适应无明显差异（表1）。各树种向阳叶片的 A_{max} 明显（$P < 0.01$）高于遮阴叶片，欧洲小叶椴为 1.6 倍，欧洲云杉达 5 倍（表1）。就绝对 A_{max} 值而言，向阳叶片和遮阴叶片之间的 A_{max} 有一个差异上的梯度。因此，相对于遮阴叶片的 A_{max}，强耐阴树种欧洲小叶椴（1.6 倍）和欧洲冷杉（2.2 倍）向阳叶片的 A_{max} 低于较不耐阴树种欧洲水青冈（2.9 倍）和欧洲槭树（4.3 倍），喜阳树种欧洲云杉的 A_{max} 最高（5.0 倍）。

表1　稳定条件下估计的向阳叶片和遮阴叶片光合参数汇总表

品种名称		A_{max} [μmol/ (m²·s)]	R_d [μmol/ (m²·s)]	C_{il} (μmol/ mol)	C_{if} (μmol/ mol)	g_{smax} (μmol/ (m²·s)]	V_{cmax} [μmol/ (m²·s)]
欧洲槭树	Sun	9.5 ±0.3	1.7 ±0.2	505 ±27	209 ±6	0.10 ±0.02	77 ±5.4
	Shade	2.2 ±0.2	0.6 ±0.1	536 ±17	219 ±15	0.03 ±0.01	15 ±4.3
欧洲水青冈	Sun	12.6 ±0.2	1.3 ±0.2	408 ±8	260 ±2	0.23 ±0.02	60 ±2.1
	Shade	4.3 ±0.3	0.4 ±0.1	511 ±19	269 ±5	0.07 ±0.01	35 ±1.1
欧洲小叶椴	Sun	12.2 ±0.3	1.3 ±0.2	404 ±3	251 ±2	0.18 ±0.03	63 ±6.1
	Shade	4.7 ±0.3	0.5 ±0.2	601 ±15	264 ±3	0.09 ±0.01	31 ±7.3
欧洲冷杉	Sun	7.5 ±0.3	0.6 ±0.1	411 ±5	119 ±4	0.28 ±0.04	40 ±4.5
	Shade	3.7 ±0.3	0.2 ±0.03	470 ±18	180 ±29	0.04 ±0.01	18 ±2.1
欧洲云杉	Sun	10.4 ±0.3	1.1 ±0.1	408 ±12	175 ±3	0.09 ±0.01	37 ±2.7
	Shade	2.1 ±0.2	0.7 ±0.2	614 ±24	194 ±16	0.03 ±0.01	13 ±1.0

与遮阴叶片相比而言，向阳叶片较高的光合速率 [0.0 ~ 0.28mol/ (m²·s) 对 0.03 ~ 0.09mol/ (m²·s)] 显然（$P < 0.01$）与较高的 g_{smax} 有关。而且，向阳叶片的 R_d 值明显（$P < 0.01$）高于遮阴叶片，从欧洲云杉的 1.6 ~ 3.3 倍。各树种遮阴叶片的夜间气孔导度（g_{si}）显著（$P < 0.01$）低于向阳叶片（图1）。与向阳叶片相比，遮阴叶片较低的 g_{si} 值导致明显（$P < 0.05$）较高的 C_{ii} 值（表1），从欧洲槭树的 6% 到欧洲云杉的 27%。另外，与向阳叶片相比，遮阴叶片的 C_{if} 值较高（表1），虽然差异在统计上无显著性。落叶叶片和针叶叶片之间的 C_{if} 值的差异不大。

向阳叶片（从欧洲水青冈的 1.7 倍到欧洲槭树的 5.1 倍）的活体内 Rubisco 羧化作用的最大速率——从 A/C_i 响应曲线来看，取决于完全光适应的叶片——高于遮阴叶片（表1 V_{cmax}）。因此，我们研究的向阳叶片和遮阴叶片的所有光合参数均不同。

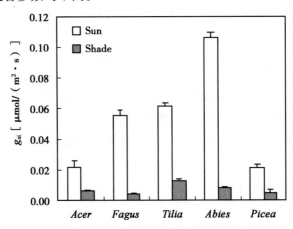

图1　暴露于饱和辐照前的夜间起始气孔导度（g_{si}）

光合作用诱导时程

图2A和2B显示，强耐阴的欧洲小叶椴和喜阳的欧洲云杉向阳叶片和遮阴叶片A值在光合诱导期间的发展。这两类树种向阳叶片的A值高于遮阴叶片。另外三种树（数据未显示）也获得了类似的A值诱导曲线。欧洲云杉向阳叶片和遮阴叶片A值之间的差异在整个诱导期间大于欧洲小叶椴（图2A和图2C）向阳叶片和遮阴叶片响应之间的差异。强耐阴的欧洲冷杉向阳针叶和遮阴针叶A值之间的诱导差异与欧洲小叶椴均较小，而欧洲槭树和欧洲水青冈的差异则较大，虽然小于喜阳的欧洲云杉。

CO_2同化诱导时程各有不同，从双曲线到S曲线（图2A和图2C）。向阳叶片的响应呈现双曲线，而遮阴叶片的响应则呈S形曲线。唯一的例外是较不耐阴的欧洲槭树叶片，在其向阳叶片和遮阴叶片中观察到CO_2同化呈S形上升。两种情况的g_s上升均滞后于A值的增加。指数光合诱导响应通常与g_{si}值高有关，而S形诱导响应则更频繁地发现于g_{si}值低的遮阴叶片（图1）。

暴露于饱和PPF 60s后，遮阴叶片的IS_{60}值稍高于向阳叶片（图3A），但其差异不显著（$P > 0.05$），除了欧洲槭树遮阴叶片的IS_{60}值明显高于（$P < 0.01$）向阳叶片以外。向阳叶片和遮阴叶片的IS_{60}值有所不同，欧洲云杉为12%，欧洲小叶椴为23%（图3A）。与此相反，遮阴叶片的T_{90}显著（$P < 0.01$）短于向阳叶片（图3B），除了高耐阴的欧洲冷杉和欧洲小叶椴以外。然而，较不耐阴的欧洲水青冈和欧洲槭树以及喜阳的欧洲云杉遮阴叶

片分别比向阳叶片的 T_{90} 值低 55%、30% 和 66%。此外，在针叶树（欧洲云杉和欧洲冷杉大约为 40min）的遮阴叶片上观察到的 T_{90} 值明显高于阔叶树种（欧洲槭树、欧洲水青冈和欧洲小叶椴大约为 20min）。然而，在日光照射的叶片和针叶上探测到阔叶和针叶树种之间的 T_{90} 值差异不大。

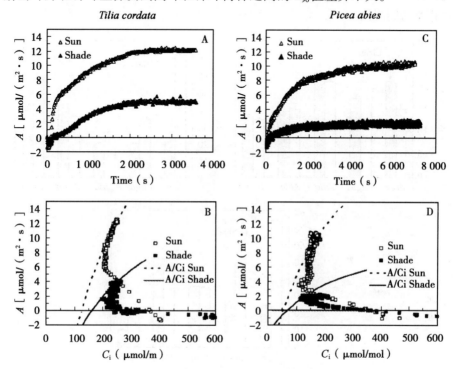

图 2　光合诱导期间 CO_2 同化速率

注：（A）及光合诱导期间 A 与细胞 CO_2 浓度（C_i）之间的关系

向阳叶片和遮阴叶片在 g_s 的诱导动态方面不同。暴露于饱和 PPF60s 后，未观察到 g_s 的明显增加（未发表数据）。较不耐阴的欧洲水青冈和欧洲槭树以及喜阳的欧洲云杉遮阴叶片的 $T_{90}*$ 值比向阳叶片低 45% ~ 67%（图 3C）。相反，在强耐阴树种欧洲冷杉和欧洲小叶椴向阳叶片和遮阴叶片的 $T_{90}*$ 值之间无差异。显而易见，向阳叶片和遮阴叶片两者最短的 T_{90} 值属于喜阳树种欧洲云杉，向阳针叶为 21min，遮阴针叶为 9min（图 3C）。

诱导期间的生化限制与气孔限制

持续饱和 PPF（图 2B 和图 2D）光合诱导期间 A 和 C_i 之间的关系提供了详细洞察光合诱导期间消失的 LS 和 LB。图 2B 和图 2D 的线条显示在完全诱导叶片的稳定状况和光饱和条件下确定的 A/C_i 曲线，并代表向阳叶片（粗线）和遮阴叶片（破折线）的二氧化碳需求函数。需求函数的起始斜率与表1中呈现的 V_{cmax} 成比例。若光合诱导期间的限制只是由不充分的 g_s 引起，那么 A 值应该沿需求曲线上升。因此，A/C_i 值低指示着 CO_2 吸收的生物化学协同限制。

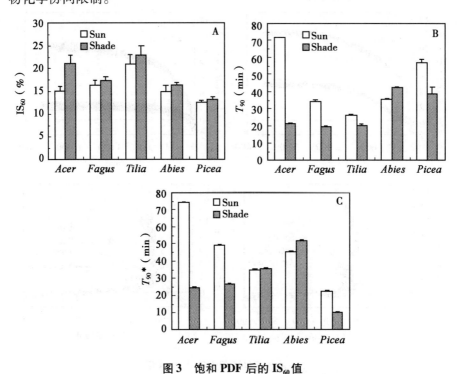

图3　饱和 PDF 后的 IS_{60} 值

注：（A）暴露于饱和辐照 60 s（IS_{60}）后的光合作用 CO_2 同化速率（A）作为叶片最大 A 值（A_{max}）的百分比；（B）达到 A_{max} 值 90% 所需的时间；（C）达到最大气孔导度 90%（$T_{90}*$）所需的时间。

这些诱导限制的相对重要性分析根据 Woodrow 和 Mott 推荐的模型进行。这些出现在光合诱导期间（LT，LB 和 LS）的过渡限制消失的时程呈现在图 4A 至图 4D 中。向阳叶片和遮阴叶片以及各树种间的差异在源自这些时程参数（表2）的基础上进行评估。

所有树种的遮阴叶片达到零 LT（T_{tot}）的时间明显低于向阳叶片（表2）。强耐阴树种欧洲冷杉和欧洲小叶椴遮阴叶片的 T_{tot} 只比向阳叶片低 6% ~19%，而较不耐阴的欧洲槭树和欧洲水青冈及喜阳的欧洲云杉则要低

45%~226%。因为测量是在夜间对完全暗适应的叶片进行的，所以其过渡LB 在开灯后的瞬间最高（100%），并迅速下降至0%。与此相反，LS 在起始时可忽略不计，但上升至24%~58%（表2，LS_{max}）。我们观察到遮阴叶片的LB 比欧洲椴树（2.8 倍）和欧洲冷杉（1.6 倍）的向阳叶片更快下降到零，欧洲水青冈和欧洲云杉的遮阴叶片和向阳叶片下降速度相似，而欧洲小叶椴遮阴叶片比向阳叶片高1.6 倍。各树种遮阴叶片的LS 早于向阳叶片下降到零。去除这些过渡限制所需时间与树种耐阴性之间的相关性未观察到。然而，与遮阴叶片相比，遮阴针叶克服 T_{tot} 和气孔限制（T_{st}）的时间明显较长（表2）。各树种向阳叶片的过渡气孔限制在超过生物化学限制（交叉点）的时间低于遮阴叶片，且差异显著（$P < 0.01$），较不耐阴的欧洲椴树和喜阳的欧洲云杉除外（表2）。

讨论

实验设计的可能影响

文献报道过完全光合诱导时间：从堇菜科的 *Hybanthus prunifolius*（一种耐阴的被子植物）的3min 到火炬松（*Pinus taeda* L. 一种耐阴的裸子植物）的115min。五种温带树种的结果显示 T_{90} 值为向阳叶片25~73min，遮阴叶片19~41min（图3B），这完全在报道的整体范围之内。报道生长在阴处或低辐照度处树种的 T_{90} 值相当低：生长在森林林下的北美红花椴（*Acer rubrum*）为8min，生长在生长室辐照度250 $\mu mol/m^2 \cdot s$ 的北美云杉（*Picea sitchensis*）为21.5min，生长在森林林下的的欧洲水青冈为12min。本研究中欧洲水青冈遮阴叶片的 T_{90} 为19min，向阳叶片的 T_{90} 为35min。

在比较文献中不同树种的数据时，必须考虑到光合诱导速率受下列因素的影响：①植物对优势生长环境——即森林林下、林窗、空旷地等的适应以及导致叶片特定生物化学适应和解剖适应的向阳叶片或遮阴叶片；②植物先前的光照史，这影响光合酶激活的程度；③生态因素，如温度和叶片水分状况。

为从本研究树种的向阳叶片和遮阴叶片获得可比数据，我们在夜间观察了完全暗适应叶片的诱导动态。另外，所研究的全部样本保持在恒定的叶片温度 $[T_L = (20 \pm 1)℃]$ 和蒸汽压差 $[VPD = (0.9 \pm 0.1) kPa]$ 下。叶片的夜间暗适应导致主要限制酶——即FBPase 和Rubisco 的完全失活，以及夜间抑制因子——如羧阿拉伯糖醇1-磷酸（carboxyarabinol 1-phosphate）的形成。因此，光合诱导的起始阶段（图2A 和图2D）比以前所观察预先暴露于低辐照度或保持在暗环境中只有几分钟的植物上升得更慢。

向阳叶片和背荫也叶片的光诱导动力学对比

本研究的温带树种在完全向阳和深度遮阴自然条件下（表1）已经发育的向阳叶片和遮阴叶片之间显示典型的差异。这些适应调整与先前在叶绿体、叶片和全植株层面获得的结果一致。另外，发现向阳叶片的 g_{si} 值明显高于遮阴叶片（图1）。与本研究的观察相比，FitzJohn 检测到四种耐阴树种——新西兰橡树（*Alectryon excelsum* Gaert.）、新西兰桃花心木（*Dysoxylum spectabile*（G. Forst.）Hook. f.）、新西兰蜜罐花（*Melicytus ramiflorus* Forst. & Forst. f.）和新西兰卡瓦胡椒（*Piper excelsum* Forst.），在多种光照环境下，g_{si} 与光合能力无关联。

表2　去除向阳叶片和遮阴叶片光合诱导期间瞬时动态限制所需时间的平均值

品种名称		T_{tot}（min）	T_{bio}（min）	T_{st}（min）	T_{max}（min）	Cross（min）
欧洲槭树	Sun	88 ±4.2	69 ±6.4	76 ±5.9	24 ±2	16 ±2.5
	Shade	27 ±3.3	25 ±1.0	34 ±1.0	25 ±2	19 ±1.7
欧洲水青冈	Sun	45 ±3.5	12 ±2.8	38 ±3.1	58 ±3	5 +0.5
	Shade	31 ±2.7	13 ±1.9	28 ±3.3	52 ±6	11 ±1.7
欧洲小叶椴	Sun	37 ±3.2	12 ±0.8	43 ±1.3	36 ±3	6 ±0.8
	Shade	31 ±4.1	19 ±1.5	29 ±1.9	25 ±4	14 ±1.7
欧洲冷杉	Sun	52 ±5.0	34 ±4.8	52 ±5.0	40 ±4	6 ±1.5
	Shade	49 ±1.8	21 ±1.7	45 ±2.2	55 ±4	18 ±1.2
欧洲云杉	Sun	89 ±4.3	28 ±3.3	82 ±9.2	27 ±3	16 ±1.3
	Shade	60 ±5.8	25 ±2.1	69 ±7.3	31 ±5	17 ±2.3

除强耐阴的欧洲冷杉外，本研究观察到遮阴叶片的光合诱导动态（T_{90}）比向阳叶片更快（图3B），这显然反映气孔开口的一个重要差异。同样，与向阳树枝的叶片相比，花旗松（*Pseudotsuga menziesii*（Mirb.）Franco）林下树枝和欧洲水青冈遮阴叶片达到完全光合诱导的时间明显较短。遮阴叶片的 IS_{60} 值比向阳叶片高（图3A），这显然反映酶的不完全激活。然而，IS_{60} 值的差异在统计学意义上不显著。这符合 Tinoco-Ojanguren 和 Pearcy 的发现，他们报告向阳和遮阴墨西哥胡椒叶植株在 Rubisco 活性时程上没有差异。观察到的诱导动态差异起因于气孔行为的差异。

Ögren 和 Sundin 假设遮阴植物和慢长阳生植物的光合诱导效率高于快速生长的阳生植物。这可能与存在较高的电子输送能力有关，羧化能力似乎与光合作用能力低有关。Marek 等人在研究欧洲云杉向阳针叶和遮阴针叶之间的差异时得出同样的结论。然而，本研究观察到五个树种的诱导参数（IS_{60}，T_{90}）

与碳同化参数（A_{max}，V_{cmax}）之间没有关联（$r < 0.1$）（数据未显示）。

诱导期间的瞬时动态限制

Woodrow 和 Mott 提出的模型一直被用来分离在光合诱导期间消失的 LB 和 LS。然而，这个模型存在几个问题。首先，光合速率（公式 1 中的 $A*$）的换算是线性的，而对 A/C_i 曲线的线性近似只有在 C_i 低时才精确。其次，该换算是对常数 C_{if} 进行的。当 C_i 高于 C_{if}（例如在诱导开始时）时，$A*$ 将低于 A，导致负的气孔限制。最后，该模型假设 LT 是 LB 和 LS 之和，然而，限制是非线性增加的。

由于本研究的叶片至少已暗适应 3 小时，所以起始 LB 是 100% 并随时间慢慢下降（图 4）。然而，无论是阔叶树还是针叶树，在向阳叶片与遮阴叶片之间均未发现差异（表 2）。相反，遮阴叶片的 LS 和 LT 的消除明显早于向阳叶片（表 2 的 T_{tot} 和 T_{st}）。

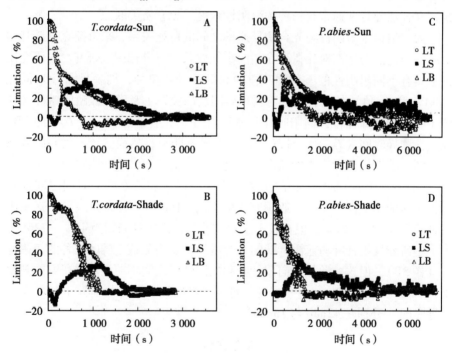

图 4　欧洲小叶椴向阳叶片

注：（A）和遮阴叶片（B）以及欧洲云杉向阳针叶（C）和遮阴针叶（D）在光合诱导期间的相对限制估计值

本研究发现，喜阳的欧洲云杉较不耐阴的欧洲槭树和欧洲水青冈向阳叶片的气孔导度诱导时间比遮阴叶片要长，如较高的 $T_{90}*$ 值所示，而这些时间要求在强耐阴树种欧洲小叶椴表现为相仿，在欧洲冷杉表现为较短（图3C）。喜阳的欧洲云杉向阳叶片和遮阴叶片的 $T_{90}*$ 值最短，而强耐阴或较不耐阴树种表现出较大的 $T_{90}*$ 值，这一观察指出了树种遗传适应以及特定光要求对气孔诱导时间长度的重要作用。根据早先的研究结果，本研究观察到叶片光合作用在辐照伊始就快速增加，而气孔导度的反应要慢得多（图2）。因此，在完全光合诱导所要求时间的 $60\% \sim 90\%$ 时间里（表2的交叉点数值），瞬时气孔限制相对来说更重要。这些结果进一步支持这样一种思想，即气孔在限制光合诱导方面起着重大的潜在作用，尤其是遮阴叶片。

生态对比树种的推论

先前的研究表明，耐阴树种比不耐阴树种具有更有效利用持续变化辐照的诱导特性。然而，Naumburg 和 Ellsworth 推断，根据对多种木质树种的考察，光合诱导特性通常与树种的耐阴性程度并无紧密关联。

为评估树木耐阴性与光合诱导速率之间的可能关系，来自捷克贝斯基迪山脉同一地点的生态对比树种在相同小气候条件下进行调查研究。本研究比较了具有不同耐阴性的三种阔叶树种和两种针叶树种，结果显示 CO_2 同化（如 IS_{60} 和 T_{90} 值）的光合诱导与树种耐阴性的关系不紧密。强耐阴树种（欧洲小叶椴和欧洲冷杉）向阳叶片和遮阴叶片在光合诱导时间（T_{90}；图3B）或气孔诱导时间（$T_{90}*$；图3C）方面差异不明显；然而，较不耐阴的欧洲水青冈、欧洲槭树和喜阳的欧洲云杉遮阴叶片的 T_{90} 和 $T_{90}*$ 明显短于向阳叶片（图3B、3C）。而且，在耐阴性和克服瞬时限制所要求的时间之间未观察到明显的相关性。然而，遮阴叶片的 T_{tot} 低于向阳叶片，其差异在强耐阴树种间只有 $6\% \sim 19\%$，但在较不耐阴树种与喜阳树种间则为 $45\% \sim 226\%$。

本研究发现针叶树遮阴针叶的光合诱导动态明显低于阔叶树种的遮阴叶片（图3B），但这一差异在向阳针叶和向阳叶片之间不明显。本研究的观察支持 Naumburg 和 Ellsworth 的结论，即裸子植物比被子植物需要更长的光合诱导时间（分别是 42min 与 13min）。

参考文献

［1］Chazdon，R. L. Sunflecks & their importance to forest understorey plants. *Adv. Ecol. Res*，1988，18：1~63

［2］Valladares，F.，M. T. Allen & R. W. Pearcy. Photosynthetic responses to dynamic light under field conditions in six tropical rain forest shrubs occurring along a light

译　文

gradient. *Oecologia*, 1997, 111: 505～514

[3] Schulte, M., C. Offer & U. Hansen. Induction of CO_2 – gas exchange & electron transport: comparison of dynamic & steadystate responses in *Fagus sylvatica* leaves. *Trees*, 2003, 17: 153～163

[4] Pearcy, R. W. Sunflecks & photosynthesis in plant canopies. Annu. Rev. Plant Physiol. *Plant Mol. Biol*, 1990, 41: 421～453

[5] Pearcy, R. W., R. L. Chazdon, L. J. Gross & K. A. Mott. Photosynthetic utilization of sunflecks: A temporally patchy resource on a time scale of seconds to minutes. In *Exploitation of Environmental Heterogeneity by Plants—Ecophysiological Processes Above – & Belowground*. Eds. M. M. Caldwell & R. W. Pearcy. Academic Press, San Diego, New York, 1994, 175～208

[6] Boardman, N. Comparative photosynthesis of sun & shade plants. *Annu. Rev. Plant Physiol*, 1977, 28: 355～377

[7] Lichtenthaler, H. K. Adaptation of leaves & chloroplasts to high quanta fluence rates. In *Photosynthesis*, Vol. VI. Ed. G. Akoyunoglou. Balaban International Science Service, Philadelphia, 1981: 273～285

[8] Lichtenthaler, H. K. & F. Babani. Light adaptation & senescence of the photosynthetic apparatus. Changes in pigment composition, chlorophyll fluorescence parameters & photosynthetic activity. In *Chlorophyll Fluorescence: A Signature of Photosynthesis*. Eds. G. C. Papageorgiou & Govindjee. Kluwer Academic, Dordrecht, 2004: 713～736

[9] Urban, O., D. Janouš, M. Acosta et al. Ecophysiological controls over the net ecosystem exchange of mountain spruce stand. Comparison of the response in direct versus diffuse solar radiation. *Global Change Biol*, 2007, 13: 157～168

[10] Kirschbaum, M. U. F. & R. W. Pearcy. Gas exchange analysis of the fast phase of photosynthetic induction in *Alocasia macrorrhiza*. *Plant Physiol*, 1988a, 87: 818～821

[11] Sassenrath – Cole, G. F. & R. W. Pearcy. The role of ribulose – 1, 5 – bisphosphate regeneration in the induction requirement of photosynthetic CO_2 exchange under transient light conditions. *Plant Physiol*, 1992, 99: 227～234

[12] Martin W., R. Scheibe & C. Schnarrenberger. The Calvin cycle & its regulation. In *Photosynthesis: Physiology & Metabolism*. Eds. R. C. Leegood, T. D. Sharkey & S. von Caemmerer. Kluwer Academic Publishers, Netherlands, 2000: 9～51

[13] Woodrow, I. E. & K. A. Mott. Rate limitation of non – steadystate photosynthesis by ribulose – 1, 5 – bisphosphate carboxylase in spinach. *Aust. J. Plant Physiol*, 1989, 16: 487～500

[14] Kirschbaum, M. U. F., M. Küppers, H. Schneider, C. Giersch & S. Noe. Modeling photosynthesis in fluctuating light with inclusion of stomatal conductance, biochemical ac-

tivation & pools of key photosynthetic intermediates. *Planta*, 1998, 204: 16 ~ 26

[15] Mott, K. A. & I. E. Woodrow. Modeling the role of Rubisco activase in limiting non – steady – state photosynthesis. *J. Exp. Bot*, 2000, 51: 399 ~ 406

[16] Tinoco – Ojanguren, C. & R. W. Pearcy. Stomatal dynamics & its importance to carbon gain in two rain forest *Piper* species. II Stomatal versus biochemical limitations during photosynthetic induction. *Oecologia*, 1993, 94: 395 ~ 402

[17] Allen, M. T. & R. W Pearcy. Stomatal behaviour & photosynthetic performance under dynamic light regimes in a seasonally dry tropical rain forest. *Oecologia*, 2000a, 122: 470 ~ 478

[18] Allen, M. T. & R. W. Pearcy. Stomatal versus biochemical limitations to dynamic photosynthetic performance in four tropical rain forest shrub species. *Oecologia*, 2000b, 122: 479 ~ 486

[19] Küppers, M. & H. Schneider. Leaf gas – exchange of beech (*Fagus sylvatica* L) seedling in lightflecks—effect of fleck length & leaf temperature in leaves grown in deep & partial shade. *Trees*, 1993, 7: 160 ~ 168

[20] Poorter, L. & S. F. Oberbauer. Photosynthetic induction responses of two rain forest tree species in relation to light environment. *Oecologia*, 1993, 96: 193 ~ 199

[21] Naumburg, E. & D. S. Ellsworth. Photosynthetic sunfleck utilization potential of understory saplings growing under elevated CO_2 in FACE. *Oecologia*, 2000, 122: 163 ~ 174

[22] Rijkers, T., P. J. de Vries, T. L. Pons & F. Bongers. Photosynthetic induction in saplings of three shade – tolerant tree species: comparing understorey & gap habitats in a French Guian rain forest. *Oecologia*, 2000, 125: 331 ~ 340

[23] Tausz, M., C. R. Warren & M. A. Adams. Dynamic light use & protection from excess light in upper canopy & coppice leaves of *Nothofagus cunninghamii* in an old growth, cool temperate rain forest in Victoria, Australia. *New Phytol*, 2005, 165: 143 ~ 155

[24] Cao, K. F. & E. W. Booth. Leaf anatomical structure & photosynthetic induction for seedlings of five dipterocarp species under contrasting light conditions in a Bornean heath forest. *J. Trop. Ecol*, 2001, 17: 163 ~ 175

[25] Han, Q. M., E. Yamaguchi, N. Odaka & Y. Kakubari. Photosynthetic induction responses to variable light under field conditions in three species grown in the gap & understory of a *Fagus crenata* forest. *Tree Physiol*, 1999, 19: 625 ~ 634

[26] Cai, Z. – Q., T. Rijkers & F. Bongers. Photosynthetic acclimation to light changes in tropical monsoon forest woody species differing in adult stature. *Tree Physiol*, 2005, 25: 1023 ~ 1031

[27] Úradníček, L., P. Maďira, S. Kolib áèová, J. Koblízek & J. Šefl. 2001. *Woody Species in the Czech Republic*. Matice Lesnick á, Písek, 2001, 333

[28] Pokorný, R. & M. V. Marek. Test of accuracy of LAI estimation by LAI – 2000 under arti-

ficially changed leaf to wood area proportions. *Biol. Plant*, 2000, 43: 537 ~ 544

[29] Chazdon, R. L. & R. W. Pearcy. Photosynthetic responses to light variation in rain forest species. I. Induction under constant & fluctuating light conditions. *Oecologia*, 1986, 69: 517 ~ 523

[30] Farquhar, G. D. , S. von Caemmerer & J. A. Berry. A biochemical model of photosynthetic CO_2 assimilation in leaves of C_3 plants. *Planta*, 1980, 149: 78 ~ 90

[31] Ögren, E. & U. Sundin. Photosynthetic responses to variable light: A comparison of species from contrasting habitats. *Oecologia*, 1996, 106: 18 ~ 27

[32] Lichtenthaler, H. K. , C. Buschmann, M. Döll, H. J. Fietz, T. Bach, U. Kozel, D. Meier & U. Rahmsdorf. 1981. Photosynthetic activity, chloroplast ultrastructure, & leaf characteristics of high – light & low – light plants & of sun & shade leaves. *Photosynth. Res*, 1981, 2: 115 ~ 41

[33] Špunda, V. , M. Èajánek, J. Kalina, I. Lachetová, M. Šprtová & M. V. Marek. Mechanistic differences in utilization of absorbed excitation energy within photosynthetic apparatus of Norway spruce induced by the vertical distribution of photosynthetically active radiation through the tree crown. *Plant Sci*, 1998, 133: 155 ~ 165

[34] Chen, H. Y. H. & K. Klinka. Light availability & photosynthesis of *Pseudotsuga menziesii* seedlings grown in the open & in the forest understory. *Tree Physiol*, 1997, 17: 23 ~ 29

[35] FitzJohn, R. G. Sunfleck utilisation & shade tolerance. Thesis. School of Biological Sciences, Victoria University of Wellington, New Zealand, 2002, 97

[36] Kirschbaum, M. U. F. & R. W. Pearcy. Gas exchange analysis of the relative importance of stomatal & biochemical factors in photosynthetic induction in *Alocasia macrorrhiza*. *Plant Physiol*, 1988b, 86: 782 ~ 785

[37] Marek, M. V. , M. Šprtová, O. Urban, V. Špunda & J. Kalina. Response of sun versus shade foliage photosynthesis to radiation in Norway spruce. *Phyton*, 1999, 39: 131 ~ 138

[38] Küppers, M. , H. Timm, F. Orth, J. Stegemann, R. Stober, H. Schneider, K. Paliwal, K. S. T. K. Karunaichamy & R. Ortiz. Effects of light environment & successional status on lightfleck use by understory trees of temperate & tropical forests. *Tree Physiol*, 1996, 16: 69 ~ 80

原文刊于［加拿大］《树木生理学》2007 年第 27 卷（1207 ~ 1215）
译者简介：
吕吉尔，男，1954 年生，浙江新昌人。中学高级教师、浙江省特级教师、教育硕士。主要从事基础教育英语教学和研究工作。爱好科技翻译，已有 300 余篇科技译文在正式刊物上发表。

从硬叶灌木叶片属性到树冠整体属性

Cassia Read，Ian J. Wright & Mark Westoby 著

吕吉尔　杜宏彬　摘译

各种植物之间的平均叶寿命（LL）差异很大，比叶面积（SLA）的差异也很大，两者的关系在一些种间调查中呈现负相关。SLA 低的树叶因自身强壮和次生化学防御能力强而实现较长的 LL。处于 SLA 高端树种（如许多草本植物、牧草和落叶乔木）叶片的氮和磷浓度趋高，气体交换率（光合作用、暗呼吸）较快，而 SLA 低端树种（如许多常绿灌木和常绿乔木）叶片的氮和磷浓度则低，气体交换率较慢。这些属性体现植物干质量和植物固碳营养经济的许多重要特征。较高的 SLA 意味着较大的快速生长潜力，即较高的投资回报率，但较长的 LL 则意味着较长的投资回报期。这些叶经济特性如何与植物树冠的总属性相关联是本研究的重点。

事实上，LL 长的针叶树种的叶积总量大于 LL 短的树种。另一方面，叶积总量大的树种光衰减也更严重。LL 长的树种趋于 SLA 小，LL 长和 LL 短的树种在总叶面积或叶面积指数（LAI）方面的差异可能小于叶积总量方面的差异。LL 长的树种可能有更陡峭的叶角或更开放的树枝，因此，每平方米地面上的遮光能力不一定反映植株上的叶积总量。很少有研究以量化叶片性状籍以通过树枝结构按比例扩大到冠层性状的方式对树木做过量化研究。本研究对澳大利亚东部 14 种常绿硬叶灌木——主要有蝶形花科（Fabaceae）、山龙眼科（Proteaceae）和桃金娘科（Myrtaceae）等的树叶和冠层结构性状及其互相关系进行量化测定。

14 个树种中有 13 种树的平均单叶大小和 LL 采用由 Wright 和 Cannon 报告的数据。该研究中的叶片大小参照了预计叶面积，低估了针叶树种的真实单面表面积。我们把所报告针叶树种短勾花（Hakea teretifolia）的叶片大小乘以 π/2 来矫正这一低估。棘目山龙眼（Banksia spinulosa）叶片大小数据取自为 SLA 扫描的叶片。该树种的 LL 可以一次性估计，因为连续多年的叶同龄组很容易识别。每棵树随机选取一个枝条，最老的同龄组有50%叶片残留的被识别出来。该同龄组的年龄——平均超过11棵树——给出了该树种的平均LL估计值。

结果主要呈现为被测量属性之间两两对应的预测能力方面。从逻辑上说，叶片属性（如LL和SLA）必定通过若干别的叶片属性和树冠结构特性按比率增强树冠的总体属性（LMI、LAI、冠层空隙度下降等）。

LL是通过冠层单位地面面积平均叶片干质量（LMI，即叶质量指数）的一个相当有力的预报因子。SLA与LL呈负相关。SLA也是LMI的一个预报因子，虽然预报能力不及LL强。

LL也是LAI的预报因子，虽然预报能力不及LMI强，这可能是因为LL较长树种的单位质量叶面积（SLA）趋低。反之，LAI是冠层空隙度衰减的良好预报因子，无论是绝对测量还是相对测量。因此，LL是一个相当好的冠层空隙度衰减预报因子（绝对冠层空隙度衰减）。

对于较远的关系，预测力通常较弱。例如，SLA预测LL，LL本身预测LMI，LMI预测LAI，LAI本身预测冠层空隙度衰减，但SLA对于冠层空隙度衰减的预测力是适度的。

这些数据中有一个特征尚未被理解。LL有可能籍以预期影响LMI或LAI的机制是通过在每一枝条上顺年龄序列积累更多的叶片。然而，对于LMI和LAI而言，直接来自LL的预测能力强于通过枝条上顺年龄序列的叶片质量或叶片面积的预测能力。这一定是因为除了沿年龄序列的叶片数量以外的其他结构特征导致LMI和LAI的改变，当然与LL也相关。作者尤其考虑了叶片大小的潜在作用，它与LL和SALA都相关。然而，叶片大小对LMI或LAI的预测能力并不比序列上叶片的质量或叶片面积更强。作者同样测量的其他结构特征似乎不起这种作用。分枝点之间的平均间距，平均分枝角度和年龄序列长度——按叶片数量和物理长度没有多少LAI或LMI的预测能力，或本身由LL或两者微弱预测。再者，LAI和LL在控制叶片大小变化或在控制其他性状的变化（每次一个性状）后仍然相关。因此，作者推断其他未测量的结构特征必定有涉及，例如，通过最老叶片上方取样样本的叶枝数量。

叶面积指数是新近提出来的一个树种属性，是树冠截光的一个主要预报因子，因此也是树冠光合作用和生产力的主要预报因子。光截留常常被表达为光按比例衰减，而不是表达为绝对衰减，因为光合作用上有效辐照倾于以指数方式向下穿过树冠递减。此处，LAI与冠层空隙度的相对衰减关系弱于

绝对衰减。这可能是因为，有些植物处于相对隐蔽的位置，树冠顶部和底部之间的冠层空隙度的比例差异就大，即使 LAI 相对较低，树冠顶端与底端的冠层空隙度之间的绝对差异仍然较小。比之绝对冠层空隙度衰减而言，这一模式也存在于 LL 与冠层空隙度的相对衰减递减的较弱关系。

本研究的主要发现（树冠层内 LL 与叶积累之间的关系）有助于进一步理解与 LL 和 SLA 相关的植物生态战略之间的差异。SLA 高的叶片光合作用速度快，每克干质量的捕光面积高，但在 LL 长、SLA 低的树种身上，较大的叶片积累可能抵消高 SLA 叶片的这一竞争力优势。

摘译自 ［澳大利亚］《南半球生态学》2006 年第 31 卷

城市林木价值几何？

Ethan Gilsdorf 文　　吕吉尔译

安托瓦内特·坎贝尔（Antoinette Campbell）家住美国首都华盛顿，房子的东面有一棵能遮阳的橡树，树高超过18m。2005年5月，市政工人误锯了那棵橡树，这使安坎贝尔女士着实感到震惊，因为她不但失去了一棵橡树，而且她的账单每月上涨了120美元。而她所在城市将付出的代价则要比这高得多。

这一错误举动除了给坎贝尔女士带来感情上的伤痛外，还有一个意想不到的后果：她注意到她家的空调器开始每天上午运行两三个小时。坎贝尔女士说："那棵树关系到我的切身利益。"

传统智慧告诉我们，只要一棵能遮阳的树就能够为一户人家每年节省80美元的能源支出。据坎贝尔女士说，自从橡树消失之后，她家的账单直线上升，有几个月甚至上升了120美元多。

林业专家指出，朴实无华的行道树能冷却空气，减少污染，吸收暴雨径流。他们还指出，好处不仅仅是生态方面的。有树木环绕的房子售价要比周围没有树木的房子高出7%~25%。消费者在附近有绿色景观的商店里会多消费13%。有一项研究甚至发现，能通过窗户看到树木的住院病人平均少住8天。

星期五的全民植树节在美国各地的植树活动突出这样一个事实，即公民和政府领导人最终将投资所谓的"城市树冠覆盖面"。

但这样的努力已经姗姗来迟。《美国林业》杂志执行主管黛博拉·甘乐芙（Deborah Gangloff）博士指出，总的来说，美国的城市林木已经受到威胁。她说："我们看过的每一座城市（大约30多座）都显示在过去的10~15年间大约减少了30%的城市树冠覆盖面。"在一些城市里，由于病虫害、市政开发和人为疏忽而造成的损失已经是灾难性的。例如，在华盛顿特区，64%的林木茂密地区在1973~1997年间消失——曾经覆盖该地区1/3面积

的林木现在只覆盖 1/10 的面积。

　　而且城市郊区的持续扩展似乎无法阻止。美国林务局数据表明，在今后的 50 年里，由林地变城区美国陆地总量预计将等于蒙大拿州的面积。为了扭转这一趋势，像佛罗里达州杰克逊维尔市、加利福尼亚州旧金山市、新墨西哥州阿尔伯克基市、衣阿华州得梅因市、印第安纳州印第安纳波利斯市等城市都制订了雄心勃勃的重育林地计划。加利福尼亚州南部城市洛杉矶计划植树 100 万棵，而该州的萨克拉门托地区的目标则是要在 40 年内把城区树冠覆盖面积翻一番。华盛顿特区正与植树团体和像凯西林木捐赠基金会——一个拥有 5 000 万美元赠款用以抵抗树冠覆盖面积急剧下降的组织等非盈利性组织开展合作。

　　该基金会的城市林地计划将培训像坎贝尔女士（她失去了一棵橡树）这样的志愿者来实施联合现场调查，对城市里的每一棵树加以定位、测量和鉴别。获得的数据将由美国林务局的计算机模型进行处理，计算出每棵树的精确环境价值和经济价值。例如：一棵 15m 高的位于华盛顿特区郊外住宅区波托马克街道和华盛顿东南区东大街的美洲椴储能存 1 476 千克碳，并每年从大气中除去 124 克二氧化硫。要除去同样数量的污染，用别的方法则需每年耗资 5.44 美元。将它乘以华盛顿特区的 190 万棵树木，算算总的利益该是多少？

　　城市林木还可减少流入水道的污染物。这个问题是由混凝土等不透水表面引起的。甘乐芙女士解释说，植物减慢雨水流速，因此雨水被更好地吸收，而不是充斥排水系统。例如，2005 年对美国科罗拉多州玻尔得市城区林木的一项研究发现，一棵平均木（又称"中央木"）每年可截取 4 810 升的降水，使该市节约 523 311 美元的雨水保留费用。

　　对于为满足美国环保署空气质量目标并建立充足废水处理设备的城市而言，投资林木的回报率是相当高的。据玻尔得市报告，估计该城市投资在城市林木上的每一美元可获得 3.67 美元的回报。

　　凯西林木捐赠基金会发言人丹·史密斯（Dan Smith）解释说："在制定政策的时候考虑这些林木的价值是值得的。"他指出，林木维护的价值不会被最小化，因为一棵 30 英寸（76cm）直径的树木每年清除的污染物要比一棵 3 英寸（7.62cm）直径的树木多 70 倍。这就是为什么他对联邦在过去五年间减少支持城市绿化——如林木植被分析、设立目标和技术支持等——不满的原因。

　　跟城市林木一样，这些计划本身也必须得到滋养，而且那是没有什么可计较的。

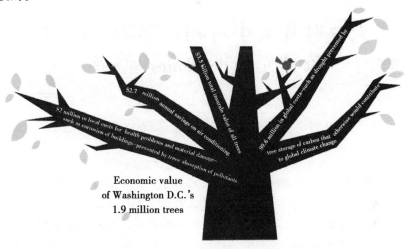

华盛顿特区 190 万棵树的经济价值：

由树木吸收污染物而防止的健康问题及物质损坏如建筑物的侵蚀所造成的地方性费用 200 万美元；每年节约空调费用约 270 万美元；全部树木的保险总价值 35 亿美元；由树木所储存的不然会造成全球气候改变如干旱的碳而防止的全球费用 960 万美元。

译自 ［美国］《基督教科学箴言报》2006.04.26

大豆叶片大小对相互遮阴的影响及其光合能力品种差异

詹姆斯·A·邦斯著／吕吉尔译　杜宏彬校

摘　要：本研究调查了5个大豆品种叶片大小与单位面积光合速率之间负相关关系。在美国马里兰州贝尔茨维尔试验点对5个品种的主茎发育中叶片的光照、这些叶片的大小及成熟期光饱和光合速率进行了两年的比较研究。植株以孤立种植和以2.5 cm×1 m间隔宽行密植两种方式栽培。虽然两种种植方式在叶片大小的品种差异方面比较大或相一致，但只在宽行密植的植株身上发现明显的光饱和光合速率品种差异。与此相类似，叶片大小与比叶重显著相关性也只发生在宽行密植的植株身上。当植株以宽行密植方式栽培时，大叶品种的主茎顶端及发育中的主茎叶片比小叶品种遮阴更严重。因此，光合能力方面的品种差异很可能应归因于发育中叶片的光照差异。

关键词：叶片大小；光照；光合作用；遮阴；大豆；比叶重

高大的植物在叶片大小与单位面积最大光合速率之间无明显的相关。然而，（茎秆较低矮的）一年生作物等，其叶片大小与最大光合速率之间常呈负相关关系，从而导致难以找到这些作物在遗传比较方面的生长速率与叶片光合速率之间的正相关关系（Bunce，1986）。这些关系潜在地限制了选择较大叶片或较高光合速率来提高季节性冠层光合作用。因此，理解这些负相关的基础就显得十分重要。虽然叶片大小与光合速率之间的负相关发生在许多品种身上（Bhagsari and Brown，1986；Bunce，1986；Evans and Dunstone，1970；Hesketh et al.，1981），但在这些案例中的数据不能始终强有力地支持这样的假设（Hesketh et al.，1981），即因为植物光合机构在较大表面上的"稀释"作用，叶片大则光合速率低。例如，虽然二磷酸核酮糖羧化酶含量与光合速率在大豆品种（Hesketh et al.，1981）中呈正相关（r =

0.79），但二磷酸核酮糖羧化酶含量与叶片大小只呈弱相关（$r = -0.46$）。叶片大小与光合速率之间呈负相关的另一种可能解释是，大叶片的遗传型可能会更严重地相互遮阴，这可能降低它们的光合能力（Bunce，1988）。本文作者研究了 5 个以宽行密植和孤立种植在田间条件下的大豆品种，以确定最大光合速率方面的差异会在多大程度上与叶片大小及发育中叶片光照方面的差异相关。

材料与方法

5 个品种的大豆分别是美国（Amsoy）大豆、克拉克（Clark）大豆、霍奇森（Hodgson）大豆、林肯（Lincoln）大豆和满州（Mandarin）大豆。于1987 年、1988 年连续两年在美国马里兰州贝尔茨维尔田间种植。之所以选择这几个品种，是因为它们的叶片大小和光合速率有一定范围的差异。为了确保获得所要求的植株间隔，幼苗被移植到田间试验区。种子在 5 月中旬播种于填土的泥炭腐殖质营养钵中，并在 25℃ 的温室条件下发芽。播种两周后，幼苗被群体移栽，株距 2.5cm、行距 1m（2.5cm × 1m），同时也按75cm（75cm × 75cm）间隔孤立种植在科多勒斯（Codorus）粉砂壤试验田里。选用 2.5 cm × 1 m 的间隔是为了让同行植株所有地面以上叶片在试验期间重叠。

栽植 6 周后，在群体栽培的每个品种 20 棵植株和孤立栽培植株的每个品种 10 棵植株的伸展主茎叶片上做上标签。这些做了标签的叶片为孤立栽培植株的第六或第七主茎三出复叶，以及群体宽行密植栽培植株的第五和第六叶片。此时所有的植株均在开花。定期测定标签叶片光照，直至标签叶片完全伸展。在 1987 年，标签叶片被其他叶片遮蔽的植株个体数量和无阴影叶片的植株个体数量在将近正午时通过直接观察测定。在 1988 年，在一天中不同的时间测量作物上方以及在标签叶片位置的水平光合作用光通量密度（PPFD）。所有标签叶片均处于水平方向 20 °范围内。

在给叶片做上标签 8 天后测量光饱和光合速率、叶面积及比叶重，因为此时叶片已完全展开。每个品种每种栽培方式有 10 个重复。光合速率和水汽导度用配备差红外线二氧化碳分析仪和露点湿度计的开放式气体交换系统测定（Bunce，1984a）。用封闭 2.5 cm² 顶生小叶的钳式试管，封闭面用石英卤素灯引出的光纤光照明光合作用光通量密度为 1.8mmol/（m² · s）。

试验表明，在此光通量密度下，光合作用达到光饱和。封闭叶面的温度用精密温差电偶按压在小叶底面测量，周围空气温度在 2℃ 以内。1987 年测得叶温度为 27℃ ±1℃，1988 年测得温度为 25℃ ±1℃。1987 年试管内空气中水汽压力不足为（1.1 ±0.2）kPa，1988 年为（1.6 ±0.1）kPa。空气从高于作物 2m 处以恒定流速被抽经试管。

此空气中的二氧化碳压力为 34～35Pa。试管边界层水汽导度为 0.5 mol/（m² · s），如同置在试管内湿过滤所估计一样。气孔下二氧化碳压力从试管内叶周围空气的二氧化碳压力（为 33.0Pa ±0.5Pa）、光合速率、叶片及叶片边界层水汽导度计算而得（Jones，1983）。光合速率的取样在晴天正午前大约 3h 开始，在正午前结束。取样有系统地进行，使所有品种种植群体内在测量日的平均时间相同。时机的选择使叶片在测量前 1h 的时候处于高光照状态，而发生在当天晚些时候的较高空气水汽饱和度不足达到 2.8kPa 得以避免。气体交换测量后，顶生叶片被摘下封闭在内有湿滤纸的塑料袋中置于冰上，直到用光电面积仪测量面积。在 70℃ 的烘箱中干燥 24h 后测定干质量。1988 年还对宽行密植的每个品种的 10 棵植株测量了叶柄长度和节间长度。用单向方差分析分析每年每种种植方式的品种影响。当 F 检验在 5% 概率水平上呈显著性时计算 LSD（最小显著差）。各品种变量之间的相关性用平均值检验。

研究结果

两年研究的结果很相似，虽然叶面积和光合速率的绝对值在 1988 年较低，这很可能是因为 1988 年季异常温暖和干燥的缘故。各个品种在宽行密植条件下两年的光合速率差异显著，但孤立种植时各品种间无差异（表 1）。而宽行密植的植株，美国（Amsoy）大豆和霍奇森（Hodgson）大豆在两年中均有较高的光合速率，克拉克（Clark）大豆和林肯（Lincoln）大豆在两年中的光合速率均较低，而满州（Mandarin）大豆的光合速率则大致居中。两年中所有品种在两种不同栽培方式下的气孔下二氧化碳压力均为 21.5 ± 1.5 Pa。宽行密植时，各品种间的比叶重在两年中也有所不同，但 1987 年孤立种植时没有不同（表 1）。总的来说，无论哪种种植方式，克拉克（Clark）大豆和林肯（Lincoln）大豆叶片大，美国（Amsoy）大豆和霍奇森（Hodgson）大豆叶片小（表 1）。孤立种植植株的叶片大小范围至少与宽行密植的植株相同。

表 1 连续两年在美国马里兰州贝尔茨维尔以 2.5 cm×1 m 间隔宽行密植与孤立种植的 5 个大豆品种光饱和光合速率（P）、小叶面积（A）及比叶重（SLW）。当 F 检验在各品种间呈现显著性，且 *ns* 在 5% 概率水平上无显

著差异时则给出最小显著差（LSD）。

表1 5个大豆品种光饱和光合速率（P）、小叶面积（A）及比叶重（SLW）

Cultivar	1987			1988		
	P〔μmol/ (m² · s)〕	A (cm²)	SLW (g/m²)	P〔μmol/ (m² · s)〕	A (cm²)	SLW (g/m²)
Stands						
Amsoy	19.0	68.7	43.2	13.7	24.1	46.8
Clark	13.3	84.8	35.6	11.3	34.7	34.5
Hodgson	19.1	69.4	49.0	14.0	26.4	45.0
Lincoln	13.7	83.1	36.5	11.2	34.6	34.6
Mandarin	18.1	72.7	47.2	12.4	31.2	42.1
LSD	2.9	8.2	6.6	2.1	4.6	5.5
Isolated						
Amsoy	23.7	73.7	59.5	16.6	23.8	49.7
Clark	21.8	96.7	59.4	16.5	30.0	48.3
Hodgson	24.2	68.5	62.6	16.9	23.7	53.7
Lincoln	22.4	95.0	58.3	15.5	35.5	47.0
Mandarin	24.8	83.8	61.4	15.4	32.0	54.6
LSD	ns	11.7	ns	ns	4.2	5.2

表2 5个大豆品种以2.5cm×1m间隔宽行密植时新展开的主茎叶片在展开之日和之后两日的光照。在1987年于正午测定无遮阴植株的叶片百分比。在1988年于一天中不同时间测定叶片位置的水平光合作用光通量密度。在两年中，每个品种各测量20棵植株。

表2 5个大豆品种主茎叶片新展开之日和之后的两日光照

Cultivar	1987：Percentage of plants with sunlit leaves			
	Day 1	Day 2	Day 3	Mean
Amsoy	38	50	77	55
Clark	0	0	43	14
Hodgson	27	33	83	48
Lincoln	0	33	40	24
Mandarin	0	67	77	48

（续表）

Cultivar	1987：Percentage of plants with sunlit leaves				Mean
	Day 1，1pm	Day 2，9am	Day 2，1pm	Day 3，4pm	
Amsoy	97	91	86	82	89
Clark	57	45	67	49	55
Hodgson	86	78	85	80	82
Lincoln	46	42	72	50	53
Mandarin	59	71	80	73	71

各品种孤立种植的植株，其主茎发育叶片从展开到完全伸展均完全暴露于阳光下（未显示）。宽行密植的植株，品种间的差异存在于主茎发育叶片伸展后至少3天的遮阴量（见表2）。在两年中，美国（Amsoy）大豆和霍奇森（Hodgson）大豆的遮阴最少，克拉克（Clark）大豆和林肯（Lincoln）大豆的遮阴最大。各品种的叶片在展开大约5天后完全暴露于阳光下（未显示）。宽行密植时，各品种间平均节间长度和成熟叶柄长度无差异（表3）。然而，克拉克（Clark）大豆和林肯（Lincoln）大豆的伸展叶片的叶柄长度和低一节叶片的叶柄长度要比美国（Amsoy）大豆和霍奇森（Hodgson）大豆长一些，满州（Mandarin）大豆则居中。克拉克（Clark）大豆和林肯（Lincoln）大豆可能遮蔽顶端的叶片数量也最多，美国（Amsoy）大豆和霍奇森（Hodgson）大豆最少（表3）。

两年中，各品种宽行密植的植株，其光合速率与变量面积、比叶重及平均光照之间都呈显著相关（表4）。宽行密植植株的叶片大小与比叶重呈负相关，但孤立种植植株无负相关（表4）。

讨论

宽行密植时，各品种最大光合速率和叶片大小的排名与其他研究者的数据一致。Hesketh等人（1981）发现霍奇森（Hodgson）大豆和美国（Amsoy）大豆的光合速率比克拉克（Clark）大豆和林肯（Lincoln）大豆的光合速率高。Sinclair（1980）报告美国（Amsoy）大豆的光合速率比林肯（Lincoln）大豆高。Dornhoff和Shibles（1971）研究发现美国（Amsoy）大豆的光合速率比林肯（Lincoln）大豆高，而满州（Mandarin）大豆的光合速率则属中等。Hesketh等人（1981）报告霍奇森（Hodgson）大豆的叶片比克拉克（Clark）大豆和林肯（Lincoln）大豆的叶片小。

表 3 "在 1988 年，5 个大豆品种以 2.5 cm × 1 m 间隔种植条件下成熟叶柄和节间长度、展开叶片和主茎上临近老叶的叶柄长度以及能遮阴的主茎叶片数量"。成熟叶柄长度是主茎 3~5 三出小叶的平均值。节间长度是子叶以上主茎 3~6 节点的平均值。数值是每个品种 10 棵植株的平均值。当 F 检验在品种间呈显著相关，*ns* 指示在 5% 概率水平上无显著性差异时给出 LSD 值。

表 3 5 个大豆品种成熟叶柄长度、节间长度、叶片数量

Cultivar	Lengths (cm) of petioles of			Internode length (cm)	Number of leaves shading the apex
	Mature	Unfolding	Next older		
Amsoy	9.9	1.9	4.8	3.0	1.7
Clark	10.0	3.7	8.1	2.9	3.7
Hodgson	11.1	2.1	5.2	3.4	1.8
Lincoln	10.8	3.7	9.3	3.0	3.8
Mandarin	10.5	2.9	6.8	3.2	2.7
LSD	ns	0.6	1.2	ns	0.8

表 4 五个大豆品种各变量平均值之间的相关性。植株以 2.5 cm × 1 m 间隔宽行密植或孤立种植，*ns* 显示在 5% 概率水平上无显著相关。

表 4 5 个大豆品种各变量平均值的相关性

Variables	plant arrangement	Crrelation coefficient	
		1987	1988
Photosynthesis-area	Stand	−0.997	−0.966
Photosynthesis-specific leaf weight	Stand	+0.924	+0.962
Photosynthesis-percentage light	Stand	+0.976	+0.968
Area-specific leaf weight	Stand	0.895	−0.964
Area-specific leaf weight	Isolated	−0.707ns	−0.368ns

两年中，宽行密植大豆的叶片大小与光合速率呈负相关，Hesketh 等人 (1981) 的发现也是如此。然而，等距孤立种植的大豆在光合速率方面缺乏差异显著性，尽管叶片大小的变化至少与宽行密植大豆植株一样大，从而对这些品种叶片大小与光合速率之间的任何直接关系提出了质疑。孤立种植植株发育中叶片没被遮阴的叶片大小与比叶重量之间缺乏显著相关也是排除"稀释"效应的证据。光合速率与比叶重量之间没有差异——尽管孤立种植

植株叶片大小有差异——的一种可能解释是，即使在孤立生长时，大叶品种的发育中叶片仍具有足量的碳和氮来支持叶片发育。然而，这与观察不相符，即使是在室外生长的孤立植株，最大光合速率与发育过程中光照密切相关（Bunce，1985）。对最大光合速率差异的一种可能解释是由于各品种发育中叶片光照方面的差异——这发生在宽行密植的植株身上，而不发生在孤立种植的植株身上。有研究显示，发育中叶片的遮阴可能导致成熟期最大光合速率偏低（Bowes *et al.*，1972；Bunce，1988；Lugg and Sinclair，1980）。

这不是巧合，宽行密植时，大叶品种对自身的发育中叶片的遮阴更多些。大型叶片在成熟时没有较长的叶柄，但有较长的叶片，甚至有相等的叶柄和节间长度，更容易遮蔽在较高节点的发育中叶片。这些品种成熟时较大的叶片也与未成熟叶片上较长叶柄有关，即叶柄伸展得较早。由于这两个原因，大叶品种未伸展叶片和主茎顶端叶片更容易被遮蔽。可以认为，叶片发育早期的遮阴在降低光合能力方面比晚期的遮阴影响更大（Jurik *et al.*，1979；Bunce *et al.*，1977），但我们不能排除与这些品种光合差异一样重要的遮阴时间上的可能差异（Bunce，1988）。宽行密植和孤立种植植株的大叶大小极为相似的品种排名表明，叶片大小的差异不是发育期间遮阴差异造成的结果。

研究结果表明，叶片大小的品种差异导致发育中叶片的遮阴差异。这些遮阴差异很可能应归因于这些大豆品种在宽行密植时的光合能力差异。其他品种的叶片大小与光合能力之间的负相关是否具有同样的基础尚不清楚。当然，这些结果并不意味着不同品种不一定也因其他原因而在光合速率方面有所不同，尤其是在植株发育的其他阶段测量时（Enos *et al.*，1982；Gordon *et al.*，1982）或在其他环境条件下测量时（Bunce，1984b；Caulfield and Bunce，1988）。然而，也许可能是这样的情况，在大豆改良中考虑叶片展现或许能打破叶片大小与光合速率之间的负相关。

参考文献

［1］ Bhagsari.，A. S. and Brown，R. H. Leaf photosynthesis and its correlation with leaf area. *Crop Sci.*，1986，26：127～132

［2］ Bowes，G.，Ogren，W. L. and Hageman，R. H. Light saturation，photosynthesis rate，RuDP carboxylase activity and specific leaf weight in soybeans grown under different light inten sities. *Crop Sci.*，1972，12：77～79

［3］ Bunce，J. A. Effects of humidity on photosynthesis. *J. Exp Bot.*，1984a，35：1245～1251

［4］　Bunce，J. A. Identifying soybean lines differing in gas exchange sensitivity to humidity. *Ann Appl Biol.* ，1984b，105：313～318

［5］　Bunce，J. A. Effects of weather during leaf development on photosynthetic characteristics of soybean leaves. *Photosyn Res.* ，1985，6：215～220

［6］　Bunce，J. A. Measurements and modeling of photosynthesis under field conditions. *Crit Rev in Plant Sci.* ，1986，4：47～77

［7］　Bunce，J. A. Mutual shading and the photosynthetic capacity of exposed leaves of field grown soybeans. *Photosyn Res.* ，1988，15：75～83

［8］　Bunce，J. A. ，Patterson，D. R. ，Peet，M. M. and Alberte，R. S. Light acclimation during and after leaf expansion in soybeans. *Plants Physiol.* ，1977，60：255～258

［9］　Caulfield，F. and Bunce，J. A. Comparative responses of photosynthesis to growth temperature in soybean（*Glycine max* L. Merril）cultivars. *Can J Plant Sci.* ，1988，68：419～125

［10］　Dornhoff，G. M. and Shibles，R. M. Varietal differences in net photosynthesis of soybean leaves. *Crop Sci.* ，1970，10：42～45

［11］　Enos，W. T. ，Alfich，R. A. ，Hesketh，J. D. and Wooley，J. T. Interactions among leaf photosynthetic rates，flowering and pod set in soybeans. *Photosyn Res.* ，1982，3：273～278

［12］　Evans，L. T. and Dunstone，R. L. Some physiological aspects of evolution in wheat. *Aust J Biol Sci.* ，1970，23：728～741

［13］　Gordon，A. J. ，Hesketh，J. D. and Peters，D. B. Soybean leaf photosynthesis in relation to maturity classification and stage of growth. *Photosyn Res.* ，1982，3：81～93

［14］　Hesketh，J. D. ，Ogren，W. L. ，Hageman，M. E. and Peters，D. B. Correlations among leaf CO_2 – exchange rates，areas and enzyme activities among soybean cultivars. *Photosyn Res.* ，1981，2：21～30

［15］　Jones，H. G. *Plants and Microclimate*. Cambridge：Cambridge Univ. Press. 1983：144

［16］　Jurik，T. W. ，Chabot，J. F. and Chabot，B. F. Ontogeny of photosynthetic performance in *Fragaria virgininiana* under changing light regimes. *Plant Physiol.* ，1979，63：542～547

［17］　Lugg，D. G. and Sinclair，T. R. Seasonal changes in morphology and anatomy of field – grown soybean leaves. *Crop Sci.* ，1980，20：191～196

［18］　Sinclair，T. R. Leaf CER from post – flowering to senescence of field – grown soybean cultivars. *Crop Sci.* ，1980，20：196～200

译自［荷兰］《光合作用研究》1990 年第 23 期

不用阳光和土壤的蔬菜工厂

杜宏彬译　黄于明校

　　和过去露地栽培与温室、塑料大棚栽培方式不同，"蔬菜生产工厂"是在室内进行人工控制环境条件下的蔬菜生产。

　　以往蔬菜的工业化生产是利用日光温室与塑料大棚等设施栽培方式，由于地理位置和气候的不同，使设施内的温度、湿度和光照等差异变化很大，对环境因子很难控制。因此，只能生产萝卜苗等简单芽菜类。

　　而这种蔬菜生产工厂是在密闭的室内。① 用高汞钠灯和卤化金属灯的混合光线，代替太阳光，从工厂的顶部向下照射蔬菜；② 温度和湿度由空气的调节装置控制；③ 蔬菜光合成需要的二氧化碳浓度由供给装置控制；④ 完全不使用土壤而用无土栽培方法，有调节营养液浓度和 pH 值的 EC 和 pH 控制装置等。能保持蔬菜生长最适宜的环境条件，即使在寒冷的北海道，也能周年均衡地生产蔬菜。还具有无病虫害发生，不使用农药等特点。

　　这种蔬菜生产工厂为蔬菜生长发育创造了一个极其适宜的环境，能够快速生长。如生菜栽后 30d 左右就可以收获，约相当于温室栽培时间的 1/3，而且这种栽培方式可以全年连续生产，效率非常高。

　　下面介绍蔬菜生产工厂的生产程序。

　　由塑料管道和和附有边檐的营养钵组成栽培床，钵中放入聚氨脂泡沫塑料为基质，把种子播在基质中，放在能贮水的育苗盘中发芽。发芽后把育苗盘移至栽培床中培成 4~5 片真叶秧苗。育苗盘和营养液贮液槽间，由电脑自动控制营养液间隙的循环供给装置。约 10d 的育苗期，就可将营养钵移到其他栽培床上，以扩大株行距。这种栽培床使蔬菜快速生长，直至收获。

　　现在，已经能够在这种工厂里栽培生菜、菠菜、茼蒿和青菜等。这种蔬菜工厂可以说是一种完备的蔬菜生产系统，这种试验性的设备投资和成本，约比普通温室栽培高 1 倍。如果能扩大到商品性生产的规模，成本还可以降低，但蔬菜的产量仍比温室栽培约高 50%。在北海道、北欧、加拿大和苏联等寒冷地区冬季缺菜的地方，采用这种生产方式，有很大的意义。现在，加拿大的蒙特利尔市对此十分重视。

这种蔬菜生产工厂是日本千叶大学的渡边一郎教授等设计的，由新技术开发事业团委托东洋工程技术公司开发。该公司计划用 3 年时间来推广这一生产方式。

本译文译自日本 1986 年 10 月《最新技术情报志》
本译文刊载于《长江蔬菜》1987 年第 2 期

用人工种子大量培育蔬菜和水稻

杜宏彬译　李华生校

　　日本麒麟啤酒公司和美国普兰特·吉纳迪克斯公司最先开发成功大量繁殖胚胎和利用胚胎制成人工种子的技术。利用该技术可以大量生产和栽培芹菜、莴苣人工种子及水稻不定胚。

　　应用此项无性繁殖技术，1g 卡尔斯经过 6 个月可生产出不定胚或不定芽数为：芹菜约 1 000 万个，莴苣约 10 万个，水稻约 250 万个。若采用组织培养法，同样的时间只能生产 200 个或 300 个。由此可见，该项技术将使种子生产飞速发展。

　　此项技术的意义在于，为难以批量生产的优良新品种开辟了只要有了个体便能用工业方法进行批量生产的道路。过去开发水稻新品种，约需 10 年时间才能达到商业化生产。现在利用人工育种新技术，几乎可在开发新品种的同时进行商业化生产。

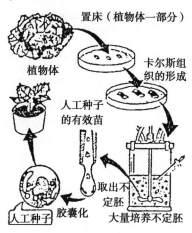

本译文译自日本《经济学家》杂志

本译文刊载于《世界科技译报》1989 年 3 月 1 日

专利（说明书）

一种群体栽植的松杉混交造林方法

摘　要： 一种在2～3年生马尾松或黄山松幼林中，实行3株式丛植或2株式带状丛植，混交杉木的造林方法。这种群体栽植的混交造林方法，可发挥松树对杉木的保护促进作用，能在海拔较高的地方和玄武岩台地土壤较差的地方，使杉木栽植成功，正常生长。平均每亩土地产蓄积提高1倍以上。经济效益和生态效益显著。

发明专利申请号：201110354172.5　　　　申请人：杜宏彬

技术领域

本发明涉及不同树种间的混交造林方法，尤其是一种群体栽植的松杉混交造林方法，能使杉木在不适宜生长的部分地方栽植成功，正常生长。

背景技术

混交造林，是将两个或两个以上树种，按一定的规格和比例栽种在一起。其中每种树木在林内所占的成数不少于一成，其所构成的林分叫做混交林。

混交造林及其所构成的混交林，具有许多优点；经济效益和生态效益均较高；可以防治和减轻病虫害；使一些树种在不适宜生长的部分地方能够栽植成功等。

混交造林方法有株间混交、行间混交、带状混交和块状混交。树种间的混交有松杉混交、松檫混交、枫松混交、乔灌混交、马尾松与木荷混交、池杉与木麻黄混交等。

但无论采用何种混交方式，每个混交树种的栽植，都是单株均匀的常规栽植方法，均非群体栽植方法。

福建省林科所等单位对闽南丘陵地区的杉松混交林作了调查。《湖南林业》2008年第11期，刊登了李永红的"松杉混交林的营造"一文。但这些单位和个人，只限于低丘黄红壤地区的松杉混交，尚无有在玄武岩台地及海拔800m以上地区松杉混交造林的报道，更没有在这方面的发明专利。

发明内容

本发明所要解决的技术问题和提出的技术任务是通过松杉混交手段，群体栽植方式，扩大杉木栽种范围，在不适宜种植杉木的地方种植杉木并使之能够正常生长，取得较好的经济效益和生态效益，为此提供一种群体栽植的混交造林方法。

本发明的群体栽植的松杉混交造林方法，其特征是：在2年生马尾松幼林中丛状栽植杉木幼苗，或在海拔800m以上山地的3年生黄山松幼林中丛带结合栽植杉木，形成为松杉混交林。

作为一种技术手段，在2年生马尾松幼林中大块状整地，3株式丛状栽植杉木苗。尤其是所述的大块状整地，每块面积1m²，每亩整地60大块，块距3.33m，每块呈正三角形排列种植3株杉木苗，株距50cm。

作为一种技术手段，在海拔800m以上山地的3年生黄山松幼林中进行带状整地，带内实施2株式丛植杉木苗。尤其是所述的带状整地，带宽1m，带间距离4m，采用2株式丛植杉木的株距50cm、丛距2m。

本发明与传统上的松杉混交造林有着明显的区别：

1. 传统混交方法通常是两个或两个以上树种，同时栽植混交；本发明则是先栽松树，后栽杉木；

2. 传统混交造林，采用单株均匀的造林方法；本发明则采取群体栽植方法，在松树幼林地中丛植或带状种植杉木；

3. 传统造林种植杉木，不宜在海拔800m以上山地，也不宜在土质较差的玄武岩台地种植，而本发明专利方法却做到了。

本发明实行群体栽植的松杉混交造林，其成功的机理：

1. 杉木采用丛状或丛带结合的群体造林方法，能发挥其群体优势和边缘优势，有利于杉木生长；

2. 采用块状和带状整地方法，栽植质量较高，有利于杉木生长；

3. 在松树2~3年生幼林中栽杉，有利于松树对杉木的保护，减少风雪灾害和病虫危害；

4. 松树是深根性树种，杉木为浅根性树种，二者混交造林，可以优势互补，充分利用地力，相互促进。

实施群体栽植的松杉混交造林方法的好处有：

1. 有利于发挥杉木的群体优势和边缘优势，促进林木生长；

2. 整地和抚育质量较高，省工省时；

3. 根据松杉根系的不同特点，充分利用地力和空间；

4. 扩大杉木栽种范围，能在海拔 800m 以上山地和土质较差的玄武岩台地，成功地栽种杉木，并使其正常生长；

5. 杉木在每亩土地上产蓄积量比对照提高 1 倍以上。

图 1：3 株式丛状栽植松杉混交林示意图；

图 2：2 株式丛带结合栽植松杉混交示意图；

图中标号说明：1. 杉木 3 株式丛植；2. 松类幼树；3. 杉木 2 株式丛带结合种植；4. 杉木幼苗。

具体实施方式

以下结合说明书附图对本发明做进一步说明。

本发明的群体栽植的松杉混交造林方法，如图 1、图 2 所示，其是在 2 年生马尾松幼林中丛状栽植杉木幼苗，或在海拔 800m 以上山地的 3 年生黄山松幼林中丛带结合栽植杉木，形成为松杉混交林。

作为对上述技术方案的进一步完善和补充，本发明还包括以下附加的技术特征，在实施本发明时根据具体作用将它们选用在上段所述的技术方案上。

首先，在 2 年生马尾松幼林中大块状整地，3 株式丛状栽植杉木苗。具体的，大块状整地时每块面积 1m²，每亩整地 60 大块，块距 3.33m，每块呈正三角形排列种植 3 株杉木苗，株距 50cm，平均每亩整地 60 块，栽植杉木 180 株。

其次，在海拔 800m 以上山地的 3 年生黄山松幼林中进行带状整地，带内实施 2 株式丛植杉木苗。具体的，带状整地时，带宽 1m，带间距离 4m，采用 2 株式丛植杉木的株距 50cm、丛距 2m，平均每亩栽植杉木苗约 133 株。

本发明的群体栽植的松杉混交造林方法，是在松树幼林中栽植杉木，并非营造杉木纯林。尤其适宜在土壤肥力差的玄武岩丘陵台地或海拔 800m 以上的山地，在松树 2～3 年生幼林中，群体栽植混交杉木。

以下通过实施例对本发明做进一步说明。

实施例1：三株式丛植的松杉混交造林

1. 概况

在新昌县大市聚镇东宅村的玄武岩台地，肥力较差地方，实施松杉混交造林0.2hm²（hm就是"百米"，hm²就是"平方百米"，1平方百米 = 100×100平方米 = 10 000平方米，也就是1公顷）。

2. 大块状整地

在2年生马尾松幼林中，进行大块状整地。块状大小为1m²，块状间距3.33m。每亩整地60个大块。整地时，挖去块状中的松树，保留块间松树。

3. 栽植杉木

于2月份，在每个块状整地中，栽植杉木幼苗3株，呈正三角形排列，株距50cm。每亩种植杉木幼苗180株。

4. 培育管理

在马尾松幼林中，丛状栽植混交杉木后，头3年马尾松幼树高度大于杉木，从第4年开始，杉木高度超过马尾松。7年生时，杉木平均高度4.51m，平均胸径4.83cm，平均每亩蓄积量1.2060m³。马尾松幼林平均高4.0m，平均胸径4.20 cm，平均每亩蓄积量0.6800m³。二者合计产蓄积量1.8860m³。使松杉群体栽植混交造林得以成功。在同样条件下种植杉木纯林不易成林，更不能成材。而马尾松纯林经济效益和生态效益都不理想。该松杉群体栽植混交造林的经济效益，比马尾松纯林提高一倍以上。

实施例2：二株式丛带结合的群体栽植松杉混交造林

1. 概况

在浙江省新昌县罗坑山海拔900m山地的黄山松幼林中（3年生），混交栽植杉木幼苗，面积0.6 hm²。

2. 带状整地

在黄山松幼林地中，沿水平方向进行带状整地。带宽1m，带间距离4m。带内整地范围，要挖去松树，带间松树予以保留。

3. 杉木栽植

于2月份，在带内种植杉木苗。2株1丛，丛内株距50cm，呈一字形。带内丛间接距离2 m。每亩种植杉木幼苗约133株，呈带状排列。

4. 培育管理

头3年对杉木幼树种植带，进行松土抚育2次。在松杉混交林中，从第

5 年开始，杉木高度超过黄山松林。8 年生时，混交林中的杉木平均高度 4.5m，平均胸径 5.8cm，平均每亩蓄积量 1.1704m³，大大超过杉木纯林；黄山松平均高 4.35m，平均胸径 6.4cm，高出黄山松纯林。混交林中的杉木比纯林杉木高生长增 71%，平均胸径增加 18.5%，立木蓄积量增长 230%。

　　同时，由于黄山松的保护作用，杉木受风害、冻害轻微，细菌性叶枯病少。而杉木纯林则受风冻危害及细菌性叶枯病严重，长势极差，两者相差明显。

说 明 书 附 图

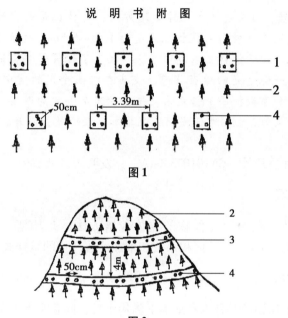

图 1

图 2

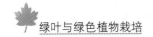

甘薯悬挂式立体栽培方法

　　摘　要：甘薯悬挂式立体栽培方法，其特征是先在甘薯植株隔行的行间架设一横向悬挂物，高度为 1.0～1.5m。然后将甘薯藤蔓悬挂其上。由于该种立体栽培方法，改变了甘薯藤蔓在地面匍匐水平生长、一面受光的原有状态，使其在四面受光的空中立体生长，单株叶面积系数提高 1 倍左右，植株受光条件大为改善，薯藤通气通风状况良好，故甘薯产量可明显增加，经济效益显著。

　　发明专利公开号：CN101073304A　　　　发明人：杜宏彬

技术领域

　　本发明涉及藤本粮食作物的立体栽培方法，尤其是一种为提高甘薯（*Ipomoea batatas* Lam.）叶面积系数和增加鲜薯产量的悬挂式立体栽培方法。

背景技术

　　许多藤本作物的茎秆本在地面上匍匐生长，向着水平方向伸展。其中有一部分作物尤其是蔬菜品种，历来有搭架栽培的习惯。如蔬菜类的豇豆、菜豆、丝瓜和黄瓜等，水果中的葡萄和猕猴桃等。搭架的方式有人字形支架、棚架、网架、篱壁架、棚篱架和廊式支架等。这些作物通常在茎枝部位都长有卷须，能够攀登，可以搭架生长。但有些藤本作物，没有搭架习惯或必要，尤其粮食作物尚无搭架的实例。

　　甘薯是粮食作物，在藤蔓上无卷须，其藤蔓攀登能力差，从无人搭架，一直来呈地面匍匐生长的自然状态，产量受到很大限制。

发明内容

　　本发明所要解决的技术问题和提出的技术任务是针对粮食作物甘薯茎秆在地面上匍匐生长，产量受到很大限制的状况，提供一种甘薯藤蔓悬挂式立体栽培方法，使薯藤在空间立体中生长，大大改善光照环境和通气通风条件，达到显著增产的目的。为此，本发明采用以下技术方案：

甘薯悬挂式立体栽培方法，其特征是在甘薯种植地中每隔1行的行间架设一高度为1.0～1.5m的横向悬挂物（如两端用木桩固定的绳索或铅丝、竹竿等），将薯藤悬挂其上，使薯藤在立体空间中伸展，不至掉落在地上。

所述的甘薯悬挂式立体栽培方法，其特征是薯藤长到40～60cm时，将各植株梢头用塑料带扎缚，悬挂在横向悬挂物之下方，随着甘薯藤蔓不断生长，悬挂高度也要不断升高。当薯藤长度大于横向悬挂物高度时，再将薯藤直接悬挂在横向悬挂物上。所述的甘薯悬挂式立体栽培方法，其特征是将横向悬挂物两侧对应植株的上部薯藤，挂在横向悬挂物上后相互缠绕固定。

本发明方法——甘薯悬挂式立体栽培方法，并非指以往农作物立体栽培方法。目前，农业上所采取的立体栽培，是指两种或两种以上作物套作间作，在未达到封行或密郁闭标准时，利用不同作物特性差异及其共生期，充分发挥空间和地力效应，促进产量提高。如甘薯/玉米、甘薯/小麦、甘薯/辣椒等套间作的立体栽培方法。当然，还有和养殖业相结合的立体栽培方法。

本发明方法——甘薯悬挂式立体栽培方法，与常规的甘薯栽培方法显然不同：本发明方法是将薯藤植株悬挂在空中，生长初期悬挂在横向悬挂物之下，生长中后期直接悬挂在横向悬挂物之上，悬挂高度随薯藤生长高度而变化；历来的栽培方法则任凭薯藤在地面匍匐生长，薯藤生长高度基本无变化。

本发明方法，和蔬菜水果等搭架栽培也有很大区别：

1. 有无卷须及攀登能力之不同：甘薯藤无卷须，茎藤攀登能力较差，搭支架时需要人工辅助扎缚；藤本蔬菜及水果植株，通常都有卷须，茎藤攀登能力较强，搭架时一般无需人工辅助扎绑。

2. 不定根方面的差别：甘薯藤一接触到土壤，每节都极易长出不定根；其他藤本作物，多数无不定根，或不定根较少或不易形成不定根。

3. 对象目的不同：本发明方法旨在通过地上立体栽培，促进地下营养器官——鲜薯增产；藤本蔬菜水果搭架培育，是为了促进地上繁殖器官——果实（瓜果）生长。

4. 搭架形式不一样：本发明方法采用的支架，是一种悬挂式支架，藤本悬挂在空中；其他藤本蔬菜水果，采用棚架、人字形架、廊架和网架等，藤蔓并非是悬挂的。

5. 支架使用时间不同：甘薯悬挂式支架当年使用时间为 4 个月左右；藤本蔬菜支架时间超过 6 个月；藤本果树的支架则要使用多年。

本发明方法有如下优点：

1. 改变甘薯生长方式，变匍匐生长为空中立体生长，便于培育管理，减少不定根的形成和养分消耗；

2. 极大改善植株光照条件和通气通风状况，叶面积系数提高 1 倍左右；

3. 鲜薯单产增加 18% ~46% 。

甘薯是一种藤本作物，其植株在自然条件下沿水平地面方向生长和伸展，占地面积较大，而且只能从上方一面受光，叶面积系数为 1 左右。采用本发明方法悬挂式立体栽培方法，薯藤被悬挂横向悬挂物之上，能在空中立体生长，光照条件极大改善，通气通风状况良好，叶面积系数达到 2 以上，植株可以四面立体受光。同时，本发明方法还能减少和避免薯藤不定根的形成。故能使鲜薯产量获得较大幅度增产。

附图说明

图 1：甘薯植株。

图 2：甘薯生长前期悬挂式立体栽培示意图。

图 3：甘薯生长中后期悬挂式立体栽培示意图。

图中：1. 藤蔓；2. 叶片；3. 悬挂塑料带；4. 横向悬挂物；5. 固定桩。

具体实施方式

实施例一

徐薯 18 品种的悬挂式立体栽培

1. 栽植于 5 月 10 日扦插甘薯苗 0.25 亩，1 000 株。

2. 搭建支架 6 月下旬用绳索在行间（隔行）搭建高度 1.2m 的横向悬挂物，两端用木桩固定。

3. 藤蔓上架植株生长到 45cm 时，用塑料带的一头扎绑薯藤梢部，另一头扎绑在横向悬挂物上，而将薯藤悬挂在横向悬挂物下方。随着藤蔓生长，不断提高悬挂高度。当植株长到 1.5m 时，再将其直接悬挂在横向悬挂物上，人工辅助扎绑。

4. 培育管理同普通甘薯栽培。

本实施例甘薯在 10 月底收获，产鲜薯 1 010kg，折合亩产 4 040kg，比对照产量提高 46% 。

实施例二

浙薯1号悬挂式立体栽培：

1. 栽植 于5月15日扦插种植浙薯1号0.2亩，700株。

2. 搭建支架 7月上旬用竹竿在行间（隔行）搭建横向悬挂物，高度1.5m，两端用木桩固定。

3. 藤蔓上架 藤蔓长到60cm时，扎缚悬挂在竹竿之下；长到160cm时，直接挂在竹竿上，辅之以扎绑。

4. 培育管理 同实施例一。

本实施例甘薯在11月初收获，产鲜薯655kg，折合亩产鲜薯3 275kg，比对照增产25.4%。

说明书附图（图1至图3）

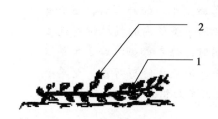

图1 甘薯植株

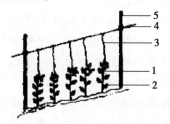

图2 甘薯生长前期悬挂式立体栽培示意图

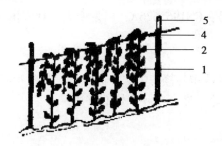

图3 甘薯生长中后期悬挂式立体栽培示意图

一种带状栽植苦丁茶园的修剪方法

摘　要：一种带状栽植苦丁茶园的修剪方法，其特征是造林后头3年，保留树梢，不予截干，其间剪去过长枝条的梢部，使上方侧枝长度短于下方侧枝，下方侧枝长度大于上方侧枝长度，树冠呈圆锥体状；从第四年开始，全面修剪，养蓬与采摘相结合，于冬春休眠季节，从树干高度1.3～1.5m处剪断主干。经修剪后，使所有下方的侧枝长度长于上方的侧枝，并使同一条带内的植株树冠连成为一体。树冠纵剖面呈梯形状；与此同时，每年剪去叶龄2.5年以上的老叶。该修剪方法改变了传统的平顶地毯式修剪习惯，变单个平面采摘面为立体采摘面，增加了树冠采光面积，提高光能利用率，能明显增加苦丁茶叶产量。

发明专利公开号：CN1965626A　　　发明人：杜宏彬

技术领域

本发明涉及木本植物的修剪方法，尤其是一种对带状栽植的苦丁茶（*Ilex latifolia*）园的修剪，提高茶叶产量的方法。

背景技术

修剪普遍应用于果树生产中，通常在栽种和幼年期，进行定干整形，将植株修剪成一定形状。如桃树的自然开心形，梨树的疏散分层形等。同时需剪去病虫枝、徒长枝等。其中心环节是使树冠受光充足，果实生长健壮，达到丰产目的。

茶树和苦丁茶树等经济林，普通的做法是，在栽植后主干达到一定高度时，第一次定型修剪高度为20～30cm，此后每年培育修剪。作为带状栽植的茶园，其修剪采摘面基本处在同一水平面面上；块状造林的单株栽植茶园，树冠修剪成半球的馒头状，树冠采光面积系数为1左右，即采摘面与占有土地的面积大致相等。由于苦丁茶栽培历史短，修剪技术多仿照茶叶的方法。但苦丁茶是大乔木，其叶子之大为茶叶的数倍。因此，茶树的修剪方法不能完全适应于苦丁茶树生理特性需要。

申请号为03116395.5（公开号为CN1535565A）的发明专利申请公开了一种苦丁茶苗木修剪方法；申请号为200410018269.9（公开号为CN1695425A）和200410018274.X号（公开号为CN1695426A）的发明专利申请则是对苦丁茶苗木的摘芽、剪梢和截干修剪；申请号200510061442.8的发明专利申请是松属树木的幼枝修剪方法；申请号为200510061139.6和200510061440.9的发明专利申请属于竹子修剪，系剪去竹枝梢头1/3左右，同时钩梢。此种修剪仅限于竹类植物，而且对于同一竹株来说，一生只能进行一次，不能再有第二次，而不像木本经济林那样，需要多年多次修剪。

平顶地毯式修剪（图1）后的顶部平齐如同地毯，各株顶部相拥，采光面积系数（树冠采光面积系数是指树冠受光面积数与土地面积的比值）趋近于1，树型低矮、平面采摘、产量较低。

发明内容

本发明所要解决的技术问题和提出的技术任务是克服普通带状造林苦丁茶园的平顶地毯式修剪方法之树型低矮、平面采摘、产量较低的弊端，提出一种增加树冠高度、扩大采摘面，变平面采茶为立体采茶，以提高单位面积产量。为此，本发明采用以下技术方案：

一种带状栽植苦丁茶园的修剪方法，其特征是造林栽植后头3年，保留树梢，不予截干，其间剪去过长枝条的梢部，使上方侧枝长度短于下方侧枝，树冠叶圆锥体状，旨在减小树冠幅度，塑造窄型树冠，提高树冠采光面积系数。从第四年开始，全面修剪养蓬与采摘相结合，于冬春休眠季节，从树干高度1.3~1.5m处剪断主干。经修剪后，使所有下方的侧枝长度长于上方的侧枝，并使同一条带内的植株树冠连成为一体，树冠的纵剖面呈梯形状。与此同时，每年剪去叶龄2.5年以上的老叶。

作为对上述技术方案的进一步完善和补充，本发明还包括以下附加技术特征，以示与现有技术的区别：

所述的带状栽植苦丁茶园的修剪方法，其特征是造林时带内株距较小，带间距离较大，每亩栽种800~1200株。

所述的带状栽植苦丁茶园的修剪方法，其特征是栽植后3年内不截断主干梢部，而不像普通茶园那样，头1~2年就剪断主干。

所述的带状栽植苦丁茶园的修剪方法，其特征是于造林栽植4年之后才剪断主梢，从主干高度1.3～1.5m处剪草除根断；而不像普通茶园那样，在主干高度25～30cm处剪断。

所述的带状栽植苦丁茶园的修剪方法，其特征是定型树冠使带内植株连成一体，纵剖面为梯形的立体型树冠，而不像普通茶园那样的平顶地毯式树冠。

所述的带状栽植苦丁茶园的修剪方法，其特征是带内树冠幅度为1.0～1.5m，带间树冠间隙30～60cm。

所述的带状栽植苦丁茶园的修剪方法，其特征是每年修剪时，要同时剪去叶龄超过2.5年的老叶片。

本发明方法，有如下优点：

1. 树木定干较高，树冠采光面积系数比对照增大1～2.1倍；

2. 变平面采摘为立体采摘，树冠采摘面比对照增加1.3～2.4倍；

3. 苦丁茶叶产量较高，4年生苦丁茶园单产比对照提高115%～150%。

本发明方法，通过修剪提高了树冠高度，变原有高度不到0.5m左右的平顶地毯式矮干树冠为近1.5m的高干立体型树冠；变原有的平面采摘方式为立体采摘方式；树冠采光面积和采光面积系数大大提高；同时老叶片修剪，还能减少苦丁茶树的营养消耗，有利于树冠内部透光，故苦丁茶叶产量也随之显著增加。

附图说明

图1：平顶地毯式树冠

图2：梯形（纵剖面）树冠

注：1. 树冠修剪面（暨采摘面）；2. 枝条；3. 主干

具体实施方式

实施例一

1. 造林栽植 带状造林栽植，每亩1 000株。

2. 修剪 修剪季节在3月份。栽后头3年，保留主干梢，不予截干，修剪时只剪去过长枝条梢部。从第四年起，在树干高度1.5m处剪断主干，并进行全面修剪，定型树冠的剖面为梯形状（参见图2）。树冠幅度1.0～1.5m，带间树冠间隙30～60cm。同时剪去叶龄2.5年以上的老叶片。

3. 培育管理 同普通苦丁茶园。

本实施例的苦丁茶园修剪，4 年生时，单位面积产量比对照提高 151%。

实施例二

1. 造林栽植 2 月份栽植，每亩 800 株。

2. 修剪 修剪时，树干截干高度 1.3m。修剪方法和修剪时间，同实施例一。

3. 培育管理 同实施例一。

本实施例修剪后的苦丁茶园，4 年生时亩均干茶产量比对照增加 136%。

说明书附图

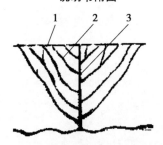

图 1 苦丁茶树平顶地毯式树冠

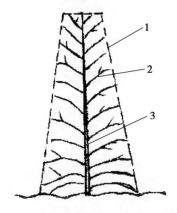

图 2 苦丁茶树梯形（纵剖面）树冠